STATISTIQUES APPLIQUÉES POUR LES ENTREPRISES: AVEC SPSS, EVIEWS ET STATA

Jonathan Sarwono

Copyright © 2018 Jonathan Sarwono

Tous droits réservés.

ISBN: 9781731317391
ISBN-13: 9781731317391
Publié par: Amazon.com, Inc. 410 Terry Avenue North Seattle, Washington 98109US

DÉDICACE

Ce livre est dédié à Chloe Andrea

TABLE DES MATIÈRES

	Remerciements	I
1	Statistiques descriptives	1
2	Mc Nemar Test	6
3	Signe	9
4	Wilcoxon testclassement	13
5	Chi carré	16
6	Médianessai	20
7	Mann Whitney test	23
8	Kolmogorov - Smirnov test	26
9	Cochran test	29
10	Friedman test	32
11	Kruskall- - Wallis test	35
12	Spearman Rank Correlation	38
13	Kendal correlation	42
14	t apparié test	44
15	t indépendant test	47
16	Analyse des écarts (One Way ANOVA)	50
17	Analyse de covariance (ANCOVA)	57
18	Corrélation de Moment du produit Pearson	70
19	Régression linéaire simple à l'aide des données de panel	73
20	Régression robuste	82
21	Analyse des composants principaux identifier les predicteurs valides	93

Remerciements

Ce livre traite de plusieurs procédures d'analyse allant de la statistique non paramétrique à la statistique paramétrique. Les objectifs de ce livre sont de donner des exemples d'utilisation de ces procédures dans l'analyse de données afin de pouvoir les utiliser correctement. Certaines procédures utilisent des données de panel afin de donner des exemples sur la manière d'utiliser ces données dans une analyse de données réelles.

Pour faciliter les calculs dans ce livre, je vais utiliser IBM SPSS, Eviews et Stata pour effectuer les calculs.

Bandung, Novembre 2018

Jonathan Sarwono

CHAPITRE 1

STATISTIQUES DESCRIPTIVES

Introduction
Pourquoi décrivons-nous les données? Les données doivent être décrites, car en décrivant les données, nous pouvons les présenter plus facilement et plus simplement. La description des données reflète les données présentées sans interprétations approfondies, ce qui permet au lecteur de comprendre facilement l'intention et les objectifs pour lesquels nous exposons ces données. Les données que nous présentons habituellement sont la fréquence, le pourcentage, la moyenne et l'écart type.

Distribution de
fréquence La distribution de fréquence est utilisée pour résumer et condenser les données en les regroupant dans des classes et en notant le nombre de points de données appartenant à chaque classe. La présentation de la distribution de fréquence dans IBM SPSS peut être effectuée comme suit:

Première étape: préparer les données

Les données que nous utilisons proviennent de IBM SPSS et portent le nom de fichier bankloan.sav. Nous pouvons générer les données comme suit:

- Téléchargez le fichier à partir de www.jonathansarwono.info/applied_stat.html

- Choisissez le descriptive > Ouvrez le dossier

- Activer SPSS

- Sélectionnez le fichier bankloan.sav > Double-cliquez pour activer les données

Deuxièmement: Effectuez l'analyse
sur le position de la vue de données, procédez comme suit:
- Sélectionnez **Analyse > Statistiques descriptives > Fréquences**
- Sélectionnez la variable de Niveau d'éducation et déplacez-la dans la colonne **Variable**.

- Sélectionnez les graphiques pour créer le graphique> Sélectionnez le **graphique à barres**, puis appuyez **Continuer.**
- Sur Cliquez sur **Ok** pour traiter.

Troisième: Interpréter les résultats.
Le résultat sera le suivant

Statistiques
Niveau d'éducation

N	Valable	850
	Manquant	0

Le tableau ci-dessus a une signification comme suit: le total nombre de répondants (N) jusqu'à 850 et aucune donnée n'est manquante. Il y a 850 données valides.

Level of education

		Frequency	Percent	Valid Percent	Cumulative Percent
Valid	Did not complete high school	460	54.1	54.1	54.1
	High school degree	235	27.6	27.6	81.8
	Some college	101	11.9	11.9	93.6
	College degree	49	5.8	5.8	99.4
	Post-undergraduate degree	5	.6	.6	100.0
	Total	850	100.0	100.0	

La première table est une table de la sortie au niveau devariable éducation avec la fréquence etcent sont les suivantes:

- N'a pas terminéétudes secondaires jusqu'à 460 (54,1%)

- Diplôme d'études secondaires jusqu'à 235 (27,6%)

- Certains des collèges jusqu'à 101 (11,9%)

- diplômes d'études collégiales jusqu'à 49 (5,8%)

- diplômes post-universitaires jusqu'à 5 (0,6%).

Le graphique de la production est présenté ci-dessous.

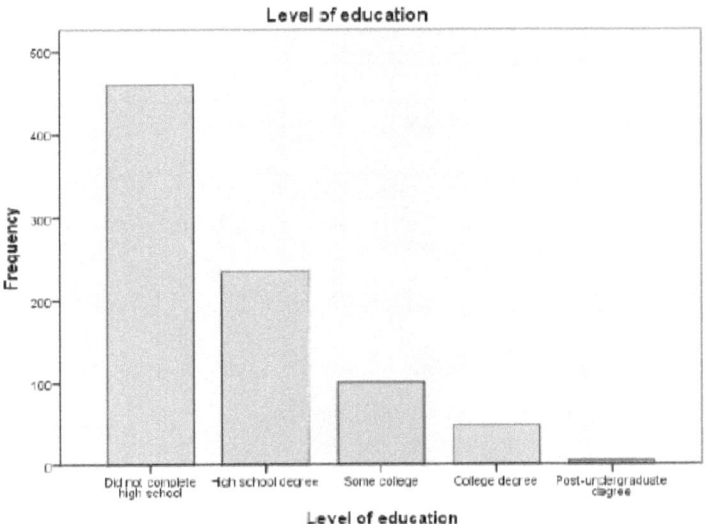

Calculer la moyenne

Comment calculer la moyenne est la suivante

- Analyse > Statistiques descriptives > Descriptif

- Sélectionnez la variable Revenu du ménage et déplacez-la dans la colonne Variable

- Sélectionnez Option> Sélectionnez Moyenne> Continuer

- OK

Le résultat est le suivant

Statistiques descriptives

	N	Moyenne
ménage revenus en milliers	850	46.6753
Valable N (selon la liste)	850	

La moyenne des données de l'échantillon est 46.6753procédure

Calculer l'écart-type La

de calcul de la moyenne est la suivante

- Analyse > Statistiques descriptives > Descriptif
- Sélectionnez la variable Revenu du ménage et déplacez-la dans la colonne de la variable (s)
- Sélectionnez Option > Sélectionner déviation std > Continuer
- OK.

Le résultat est le suivant

Statistiques descriptives

	N	Std. Déviation
Revenu du ménage en milliers	850	38.54305
Valide N (listwise)	850	

L'écart type des données de l'échantillon est 38.54305procédez

Calculer la variance

Pour calculer la moyenne,comme suit:

- Analyse > Statistiques descriptives > Descriptif
- Sélectionnez la variable Revenu du ménage et déplacez-la dans la colonne de Variable (s)

- Sélectionnez Option > Variance > Continuer
- OK.

Le résultat est le suivant

Statistiques descriptives

	N	Variance
Revenu en milliers de personnes	850	1435.567
Valide N (Listwise)	850	

La variance des données exemple est 1485.567

Calcul des valeurs minimales et maximales

Comment calculer le la moyenne est la suivante:

- Analyse > Statistiques descriptives > Description descriptive
- Sélectionnez la variable Revenu du ménage et déplacez-la dans la colonne Variable
- Sélectionnez Option > Sélectionnez minimum et maximum > Continuer
- OK

Le résultat est le suivant

Statistiques descriptives

	N	Minimum	Maximum
Revenu du ménage en milliers	850	13,00	446,00
Valide N (en mode liste)	850		

La valeur minimale des données de l'échantillon est 13,00 et la valeur maximale est 446

CHAPITRE 2
TEST MC NEMAR

2.1 Définition

Le test McNemar est une procédure utilisée pour déterminer le niveau de signification des modifications appliquées dans la recherche expérimentale afin de mesurer les conditions avant et après le traitement appliqué à l'objet de la recherche. Cette procédure est appliquée dans un tableau de contingence. Les données utilisées sont catégoriques ou en dichotomie. Les données sont réalisées par paires entre les données d'échantillon en un avec d'autres échantillons afin de voir s'il existe des similitudes entre les fréquences marginales des lignes et des colonnes. L'utilisation de cette procédure est de voir les changements entre 2 conditions avant et après le traitement. L'hypothèse principale est que les données sont placées dans le tableau de contingence sous la forme de lignes et de colonnes où les lignes indiquent l'état avant traitement et les colonnes après traitement. Le test d'hypothèse est toujours un côté. Les données utilisées sont les données d'échelle nominale / dichotomie (catégorique) ou peuvent être ordinales.

L'hypothèse est la suivante.
H0: p = 0 (avant traitement = après traitement)

H1: p < 0 ou p > 0 (avant traitement < après traitement) ou (avant traitement > après traitement)

La formule de cette procédure est la suivante

$$\chi^2 \chi^2 = \frac{(A - D^2 D^2)}{A + D}$$

Où: A est le nombre d'observations dans la cellule A; D est le nombre d'observations dans un D.

Pour supprimer l'erreur, utilisez la correction avec la formule suivante:

$$\chi^2 = \frac{(|A-D|-1)^2}{A+D}$$

Avec degré de liberté (DF) = 1

2.2 Comment calculer dans IBM SPSS

Dans cet exemple, nous allons tester l'importance des différences entre l'utilisation des cartes de crédit chez XYZ Bank entre avant et après abaissement du taux d'intérêt. Il y a 30 clients qui ont été interrogés à l'aide du questionnaire. Les données sont dans le dossier de McNemar.

Les étapes à suivre pour effectuer l'analyse sont les suivantes:
- Analyse > Tests non paramétriques > Dialogues hérités > Exemples associés
- Déplacer simultanément les deux variables d'avant et d'après dans les colonnes desde **pairestests**.
- Dans le choix du **typetest**, vérifie la **McNemar**
- Cliquez sur **OK**

Le résultat comme suit:

Avant les baisses de taux d'intérêt et après les baisses de taux d'intérêt		
avant la baisse des taux d'intérêt	après le taux d'intérêt diminue	
	stagnant	Augmenté
Stagnation	8	9
Augmentation	8	5

Statistiquestest[a]

	Avant que le taux d'intérêt diminue & Après que le taux d'intérêt diminue
N	30
Exact Sig. (Bilatéral)	1.000[b]

a. Test de McNemar
b. Distribution binomiale utilisée.

Sur la base du résultat ci-dessus, nous allons tester les hypothèses de la manière suivante :

Premièrement: énoncez l'hypothèse comme suit
- H0: il n'y a pas de différence dans l'utilisation des cartes de crédit avant et après la baisse du taux d'intérêt
- H1: il existe une différence d'utilisation des cartes de crédit avant et après la diminution du taux d'intérêt

Deuxièmement: utilisez les critères suivants:

- Si le niveau de signification < 0,05, rejetez H0 et acceptez H1
- Si le niveau de signification > 0,05, acceptez H0 et rejetez H1

Troisièmement: prenez la décision en comparant le niveau de signification et la valeur de 0,05 (α)
Sur la base de la sortie ci-dessus, le niveau de signification est 1 000 > 0,05. Cela signifie donc que H0 est accepté et H1 est rejeté. Cela signifie qu'il n'y a pas de différence d'utilisation des cartes de crédit avant et après la baisse du taux d'intérêt.

Quatrièmement: tirer une conclusion
Il n'y a pas de différence significative entre l'utilisation des cartes de crédit avant et après la baisse du taux d'intérêt parmi les 30 clients de la banque XYZ.

CHAPITRE 3

TEST DE SIGNALISATION

3.1 Définition

Le test dela direction de la différence entre les deux échantillons qui reflète l'existence de conditions antérieures et postérieures au traitement administré aux participants. Étant donné le test de signe de nom car le test utilise le signe plus (+) et le signe moins (-) qui servent à représenter la direction de la différence entre les deux échantillons. Ainsi, le test des signes n'utilise pas de mesure quantitative de la direction pour voir les différences. mais utilise les signes plus et moins pour déterminer les niveaux des deux participants en fonction de la relation entre les deux échantillons.

Le test de signe peut être utilisé dans une recherche expérimentale afin de voir l'état de la différence entre les deux échantillons correspondants donnés avant et après traitement. L'hypothèse principale est que les variables à l'étude présentent la différence de distribution des observations. C'est-à-dire qu'il y a une différence entre les échantillons de données avant et après le traitement donné. L'objet de l'échantillon ne doit pas provenir de la même population. La situation par paires d'événements avant et après peut provenir de différentes populations en fonction de facteurs démographiques, tels que l'âge, le niveau d'instruction, le sexe, l'emploi, etc.

Les conditions d'utilisation du test de signe sont les suivantes:
- Si un petit échantillon (n ≤ 25) utilise l'approche binomiale avec P = Q = ½
- Si un grand échantillon (n > 25) utilise l'approche de distribution normale

L'hypothèse qui sera testée dans le signe Le test est le suivant:
- H0: score médian = 0 (la différence médiane entre avant et après traitement est égale à zéro)
- H1: le score médian 0 (la différence médiane entre avant et après traitement est différente de zéro)

Lorsque nous utilisez l'approche binomiale, la formule est alors la suivante:

$$\sum_{z=0}^{3} \binom{N}{x} P^x Q^{N-x}$$

N = données totales; et x = observation totale

$$\binom{N}{x} = \frac{N!}{x!(N-x)!}$$

Lorsque nous utilisons la distribution normale, la formule est la suivante.

$$Z = \frac{x - \mu z}{\sigma z} = \frac{x - 1/2N}{1/2\sqrt{N}}$$

Pour obtenir un meilleur résultat, effectuer une correction de la continuité en réduisant l'écart entre le nombre de plus ou moins observé. La formule sera la suivante:

$$Z = \frac{(x \pm 0,5) - 1/2N}{1/2\sqrt{N}} \frac{(x \pm 0,5) - 1/2N}{1/2\sqrt{N}}$$

3.2 Comment calculer dans IBM SPSS

Nous testerons la différence de niveau de compréhension entre les subordonnés dans l'exécution des tâches données par leurs supérieurs aux instructions données à 20 employés. Les données sont extraites du dossier de test.

Les étapes de l'analyse sont les suivantes:

- **Analyse > Tests non paramétriques > Dialogues hérités > 2 exemples associés**

- Déplacement simultané des deux variables avant et après les colonnes dans la **Paires de tests** colonne
- Dans la sélection du **type de test,** cochez la case **Connexion** choisie, **option ,** cochez la case **Description > Continuer,** puis
- cliquez sur **OK.**

Le résultat est le suivant:

Descriptive Statistics

	N	Mean	Std. Deviation	Minimum	Maximum
Before the instruction is given	20	2.95	.887	1	4
After the instruction is given	20	3.85	.813	3	5

D'après la sortie ci-dessus, la moyenne avant l'instruction est de 2,95 et après l'instruction de 3,85. Cela signifie que la compréhension après que l'instruction a été donnée est plus élevée qu'avant l'instruction.

Frequencies

		N
After the instruction is given - Before the instruction is given	Negative Differences[a]	0
	Positive Differences[b]	15
	Ties[c]	5
	Total	20

a. After the instruction is given < Before the instruction is given

b. After the instruction is given > Before the instruction is given

c. After the instruction is given = Before the instruction is given

Le tableau ci-dessus montre le montant des différences négatives (-) jusqu'à 0; et différences positives (+) jusqu'à 15.

Test Statistics[a]

	After the instruction is given - Before the instruction is given
Exact Sig. (2-tailed)	.000[b]

a. Sign Test
b. Binomial distribution used.

Le tableau cidessus montre que le test du signe utilise une approche de distribution binomialecar la quantité de données est inférieure à 25. Deux tests d'hypothèsesqueue se fait en utilisant la valeur de signification (sig). Le test d'hypothèse peut être effectué comme suit:

Premièrement: formulez l'hypothèse comme suit
- H0: score médian = 0 (il n'y a aucune différence dans le niveau de compréhension de la tâche avant et après l'instruction.)
- H1: score médian ≠ 0 (il y a En

second lieu: utilisez les critères suivants:
- Si le niveau de signification est inférieur à 0,05, rejetez H0 et acceptez H1
- Si le niveau de signification est supérieur à 0,05, acceptez H0 et rejetez H1.

Troisièmement: prenez la décision en comparant le niveau de significativité à la valeur de 0,05 (α)
Sur la base du résultat ci-dessus, la valeur du niveau de significativité est 0,000 <0,05. Donc rejeter H0 et accepter H1. Cela signifie qu'il y a une différence dans le niveau de compréhension de la tâche avant et après l'instruction.

Quatrième: conclusion
La conclusion est la suivante: il existe une différence de niveau de compréhension de la tâche avant et après que l'instruction de supérieur soit donnée au seuil de signification de 0,05 (5%).

CHAPITRE 4
TEST RANGÉ WILCOXON

4.1 Définition

Le test de Wilcoxon est un test non paramétrique utilisé pour comparer deux groupes appariés en examinant la différence de magnitude entre les deux groupes comparés. Cette procédure est une alternative au test t des échantillons appariés lorsque les données ne sont pas distribuées normalement.

L'hypothèse de base est que les groupes appariés sont dépendants. Par conséquent, nous pouvons attribuer un poids différent au groupe apparié. Les données correspondent en réalité à la différence entre la valeur de la paire définie.

Les termes à respecter avec cette procédure sont les suivants

- Utilisez uniquement le petit échantillon de moins de 25; si l'échantillon est grand ou supérieur à 25, utilisez une approche de distribution normale.
- Utilisez uniquement pour comparer deux échantillons liés.

L'hypothèse qui sera testée est la suivante:
H0: $\mu = 0$ (après condition = avant condition (le nombre de rang négatif = nombre de rang positif))
H1: $\mu \neq 0$ (après la condition $\neq$ avant condition (le nombre de négatives rang $\neq$ le nombre de rangs positifs))

La formule est la suivante

$$\mu = \frac{N(N+1)N(N+1)}{4\quad\quad 4}$$

et l'écart type est le suivant

$$\sigma = \sqrt{\frac{N(N+1)(2N+1)}{24}}$$

La valeur de z (valeur normalisée), nous pouvons utiliser la formule suivante:

$$Z = \frac{T-\sigma}{\sigma} = \frac{T - \frac{N(N+1)}{4}}{\sqrt{\frac{N(N+1)(2N+1)}{24}}}$$

4.2 Comment calculer dans IBM SPSS

Dans cet exemple, nous verrons s'il y a une différence de réalisation avant et après que la formation ait été dispensée à 15 employeurs du supermarché ABC. Les données peuvent être extraites du dossier wilcoxon_rank_test.

Les étapes pour effectuer l'analyse sont les suivantes:
- **Analyse > Test non paramétrique > Dialogues hérités > 2 Exemples associés**
- Déplacez la variable **"avant"** et **"après"** en même temps en appuyant sur la touche Maj. Dans la **Paires de** colonne
- **tests Type de test** sélectionnez le **Wilcoxon.**
- clic de **OK**

Le résultat est le suivant:

Descriptive Statistics

	N	Mean	Std. Deviation	Minimum	Maximum
Before the training	15	6.93	1.223	4	8
After the training	15	7.53	.915	6	9

La moyenne avant l'entraînement est de 6,93; alors que la moyenne après la formation est de 7,53. Cela signifie qu'il y a une différence de moyenne liée à la réussite des employés.

Test Statistics[a]

	After the training - Before the training
Z	-2.309^b
Asymp. Sig. (2-tailed)	.021

a. Wilcoxon Signed Ranks Test
b. Based on negative ranks.

Afin de rendre la conclusionnous devons mener l'hypothèse comme suit

abord: énoncer l'hypothèse comme suit

H0: il n'y a pasdifférence de réussite avant et après la formation

H1: il y a une différence de réussite avant et après la formation

Second: utilisation les critères suivants

- Si niveau de signification> 0,05; accepter H0 et rejeter H1
- si le niveau de signification est inférieur à 0,05; rejeter H0 et accepter H1

Troisièmement: prenez la décision en comparant le niveau de significativité à la valeur de 0,05 (α).
Sur la base de la sortie ci-dessus, le niveau de signification est 0,021 <0,05. Donc rejeter H0 et accepter H1. Cela signifie qu'il y a une différence significative de réalisation avant et après la formation.

Quatrième: tirer une conclusion
Il existe une différence significative dans les réalisations des employés avant et après la formation, en utilisant le niveau d'importance de 0,05.

CHAPITRE 5
CHI SQUARE TEST
POUR DEUX ÉCHANTILLONS INDÉPENDANTS

5.1 Définition

La procédure de test du chi carré, également connue sous le nom de «chi carré de Pearson», regroupe la variable unique en catégories et calcule des statistiques du chi carré. Pour un test à variable unique, il est connu sous le nom de test de qualité de l'ajustement, qui sert à comparer les fréquences observée et attendue dans chaque catégorie à tester si toutes les catégories ont la même proportion de valeur ou si chaque catégorie a la même proportion de la valeur spécifique à un utilisateur unique. Si se compose de deux variables, il est connu que le test de l'indépendance permet de mesurer la relation entre deux variables. Le chi carré de deux échantillons est utilisé pour comparer la fréquence observée et la fréquence attendue en fonction d'une distribution spécifique dans toutes les catégories ou dans toutes les combinaisons de deux variables.

L'utilisation de cette procédure consiste à comparer si une variable particulière est dépendante ou indépendante d'autres variables. Cette procédure est basée sur l'hypothèse que le test non paramétrique ne nécessite pas l'hypothèse sous-jacente au formulaire de distribution. Les données sont supposées provenir d'un échantillon aléatoire. La fréquence attendue pour chaque catégorie doit être au moins 1. Elle ne doit pas dépasser 20% de la catégorie et les fréquences attendues sont inférieures à 5. Toutes les variables qui seront analysées doivent être numériques avec des valeurs nominales (catégorielles) et ordinales. échelle. La quantité de données est d'environ 20 à 40 échantillons. Si les données dépassent 40, nous devons utiliser des formules avec correction de continuité.

L'hypothèse de cette procédure est la suivante:

H0: les deux variables sont indépendantes l'une de l'autre.
H1: les deux variables dépendent l'une de l'autre.

La formule du chi carré est la suivante:

$$\chi^2 = \sum_{i=1}^{r} \sum_{j=1}^{k} \frac{(O_{ij} - E_{ij})^2}{E_{ij}}$$

Degree of Freedom = (row -1) (column -1)

Pour la correction de continuité, la formule est la suivante:

$$\chi^2 = \frac{N(|AD-BC| - \frac{N}{2})^2}{(A+B)(C+D)(A+C)(B+D)}$$

Degree of Freedom: 1

5.2 Comment calculer dans IBM SPSS

Dans cet exemple, nous verrons si l'attitude envers un cellulaire A téléphone dépend du sexe des consommateurs. Il y a 20 consommateurs se sont posé la question dans cette étude. Le fichier de cet exemple peut être pris dans le dossier chi square.

Pour effectuer l'analyse, procédez comme suit:

- **Analyse > Statistiques descriptives > Tableaux croisés.**
- Mettez la variable de genre dans **Row.**
- Mettez la variable d'attitude dans la **Colonne.**
- Cliquez sur Options > **Statistiques** > Sélectionnez **la place du Chi > Continuer.**
- Sélectionnez **Cellules** > cocher **Observé** > **Continuer.**
- Sélectionnez **Format** > cocher **Ascending** > **Continue.**
- Appuyez sur **OK.**

Le résultat est le suivant:

Case Processing Summary

	Cases					
	Valid		Missing		Total	
	N	Percent	N	Percent	N	Percent
Gender * Attitude	20	100.0%	0	0.0%	20	100.0%

Il y a 20 échantillons dans notre étude et tous les échantillons ont été traités.

Sexe * Attitude Crosstabulation

Count

		Attitude		Total
		Comme	Dislike	
Sexe	Homme	6	4	10
	Femme	7	3	10
Total		13	7	20

Il y a 6 répondantssexe masculin qui aiment le téléphone cellulaire et un 4 qui neaiment pas. Il y a 7 femmes interrogées qui aiment le téléphone cellulaire A et 3 qui ne l'aiment pas.

Chi-Square Tests

	Value	df	Asymptotic Significance (2-sided)	Exact Sig. (2-sided)	Exact Sig. (1-sided)
Pearson Chi-Square	.220^a	1	.639		
Continuity Correction^b	.000	1	1.000		
Likelihood Ratio	.220	1	.639		
Fisher's Exact Test				1.000	.500
Linear-by-Linear Association	.209	1	.648		
N of Valid Cases	20				

a. 2 cells (50.0%) have expected count less than 5. The minimum expected count is 3.50.
b. Computed only for a 2x2 table

D'abord: énoncez l'hypothèse comme suit:

H0: l'attitude envers un téléphone portable est indépendante du genre

H1: l'attitude envers un téléphone portable dépend du genre

Deuxièmement: utilisez les critères suivants

- Si niveau de signification > 0,05; accepter H0 et rejeter H1
- si le niveau de signification est inférieur à 0,05; rejeter H0 et accepter H1

Troisièmement: prenez la décision en comparant le niveau de significativité à la valeur de 0,05 (α).
Sur la base de la sortie ci-dessus, la valeur du niveau de signification est 0,5 > 0,05. Acceptez donc H0 et rejetez H1. Cela signifie que l'attitude envers un téléphone cellulaire A est indépendante du sexe

Quatrième: Faites une conclusion

L'attitude des consommateurs, qu'ils aiment ou non le téléphone cellulaire A, est indépendante de leur sexe.

CHAPITRE 6

DE TEST LA MÉDIANE

6.1 Définition

La procédure de test de la médiane est une procédure utilisée pour vérifier si deux groupes indépendants appartiennent à des populations ayant la même médiane. Le test médian sert à évaluer la différence médiane de deux échantillons indépendants. La taille de l'échantillon des deux groupes n'est pas nécessairement la même. Au moins les données d'échelle ordinale sont utilisées. Le test d'hypothèse peut être un test à une queue ou à deux queues.

L'hypothèse sera la suivante:
H0: les deux groupes proviennent de populations ayant la même médiane
H1: les deux groupes proviennent de populations ayant des médianes différentes

pour l'utilisation du test de la médiane sont les suivantes:
- Si la quantité de données des deux groupes (n1 et n2) est supérieur à 40, utilisez le test du khi carré avec correction de continuité
- Si la quantité de données (n1 et n2) est de 20, utilisez le test du khi carré avec correction de continuité.
- Si le nombre de données (n1 et n2) est inférieur à 20, le test de

Fisher est utilisé. La formule est la suivante:

$$p = \frac{(A+B)!(C+D)!(A+C)!(B+D)!}{N!A!C!D!}$$

6.2 Comment calculer dans IBM SPSS

Dans cet exemple, nous vérifierons s'il existe une différence de performance entre le service de la trésorerie et le service des ressources humaines dans un bureau de X. En utilisant le test de la médiane, nous verrons si les deux échantillons ont la même médiane ou une médiane différente. Utilisez les données dans le dossier de la médiane :

Les étapes pour effectuer l'analyse sont les suivantes :

- **Analyse > Tests non paramétriques > Dialogues hérités > K Échantillons indépendants.**
- Déplacez la deuxième variable vers la colonne **Variables de test de performance** et la **formation variable** vers la **variable de regroupement**. Puis cliquez sur **Définir**. Pour la sélection **plage de** de la **variable de regroupement, minimale** Valeur dans les colonnes 1 et 2 **maximale** Valeur, puis appuyez sur **Continuer.**
- dans la sélection du **type de test**, vérifie que la **médiane** est
- Cliquez sur **OK**

Les résultats sont les suivants :

Test Statistics[a]

	Performance of Employers
N	20
Median	4.00
Exact Sig.	.628

a. Grouping Variable: Department

Pour interpréter le résultat ci-dessus, procédez

comme suit: Premièrement: posez l'hypothèse comme suit.
- H0: médiane 1 = médiane 2 (la médiane du service de trésorerie est égale à la médiane du département des ressources humaines)
- H1: médiane 1 > médiane 2 ou médiane 1 < médiane 2 (la médiane du service de trésorerie est plus grande ou plus petite que la médiane du HR Département)

Deuxièmement: utilisez les critères suivants:
- Si le seuil de signification < 0,05, rejetez H0 et acceptez H1
- Si le seuil de signification > 0,05, acceptez H0 et rejetez H1

Troisièmement: prenez la décision en comparant le seuil de signification à la valeur 0,05 (α).

D'après les résultats ci-dessus, le niveau de signification est 0,628 > 0,05. Acceptez donc H0 et rejetez H1. Cela signifie que la médiane du département de trésorerie est égale à la médiane du département des ressources humaines.

Quatrième: conclusiontirer des conclusions
Aucune différence n'a été constatée entre le rendement du département de la trésorerie et celui du département des ressources humaines au niveau de signification de 0,05.

CHAPITRE 7

DE ESSAIMANN WHITNEY

7.1 Définition

L'essai de Mann Whitney est l'essai non paramétrique qui est équivalent à l'essai t, mais il permet que le nombre d'échantillons examinés ne soit pas égal. Ainsi, ce test peut être utilisé pour comparer deux échantillons présentant une différence de quantité de données. En outre, cette procédure peut être utilisée pour vérifier si les deux groupes comparés proviennent de la même population ou non.

L'utilisation de cette procédure permet de comparer les deux groupes indépendants ayant des tailles d'échantillons différentes. Cette procédure peut également être utilisée pour tester la différence entre les deux groupes indépendamment lorsque les données ne répondent pas aux exigences, ces données doivent être échelonnées et ne sont pas normalement distribuées. Mann Whitney permet aux deux échantillons comparés, n1 et n2, de ne pas avoir un nombre égal de données.

L'hypothèse sera la suivante:
- H0: les deux populations sont identiques
- H1: les deux populations ne sont pas identiques

Pour un petit échantillon de moins de 20 personnes, utilisez la formule ci-dessous.

$$U = n_1 n_2 + \frac{n_1(n_1+1)}{2} - R_1$$

Lorsque l'échantillon est supérieur à 20, utilisez une approche de distribution normale, avec la formule suivante:

$$U = n_1 n_2 + \frac{n_1(n_1+1)}{2} - R_1$$

7.2 Comment calculer dans IBM SPSS

Dans cet exemple, nous allons comparer l'évaluation des clients sur la qualité de service entre la banque A et la banque B. L'objectif est de savoir s'il existe une différence de qualité de service entre ces deux banques. Les données se trouvent dans le dossier man_whitney.

Pour effectuer l'analyse, utilisez les étapes suivantes:

- **Analyser > Test non paramétrique > Dialogues hérités.**
- **Deux échantillons indépendants.**
- Déplacez la variable serqual vers la **liste des variables** et la banque vers la **variable de regroupement > Définir groupe:** entrez la valeur 1 dans le **groupe 1** et 2 dans le **groupe 2 >** Continuer.
- **Type de test**: vérifier **Man Whitney.**
- Cliquez sur **OK.**

Le résultat est le suivant.

Ranks

	Bank	N	Mean Rank	Sum of Ranks
Service Quality	A	10	10.20	102.00
	B	10	10.80	108.00
	Total	20		

Test Statistics[a]

	Service Quality
Mann-Whitney U	47.000
Wilcoxon W	102.000
Z	-.242
Asymp. Sig. (2-tailed)	.809
Exact Sig. [2*(1-tailed Sig.)]	.853[b]

a. Grouping Variable: Bank

b. Not corrected for ties.

L'interprétation est la suivante.

Premièrement: faites l'hypothèse
- H0: le service de qualité des banques A et B est le même
- H1: le service de qualité des banques A et B n'est pas le même

. Critères suivants:
- Si le niveau de signification est < 0,05, rejetez H0 et acceptez H1
- Si le niveau de signification est > 0,05, acceptez H0 et rejetez H1

Troisièmement: prenez la décision en comparant le niveau de signification à la valeur 0,05 (α).
Sur la base de la sortie ci-dessus, la valeur du niveau de signification est 0,853 > 0,05. Acceptez donc H0 et rejetez H1. Cela signifie que le service de qualité des banques A et B est identique.

Quatrièmement: tirer une conclusion
Il n'y a pas de différence de qualité de service entre la banque A et la banque B au niveau de signification de 0,05.

CHAPITRE 8

KOLMOGOROV - ESSAI DE SMIRNOV SUR DEUX ÉCHANTILLONS INDÉPENDANTS

8.1 Définition

L'etest de Kolmogorov Smirnov pour deux échantillons indépendants est une procédure utilisée pour déterminer si une distribution de variables ordinales diffère de manière significative sur deux échantillons indépendants. Cette procédure permet de vérifier si deux échantillons proviennent de la même population. L'hypothèse qui sous-tend cette procédure est la suivante: lorsque les deux échantillons proviennent déjà de la même population ou ont une distribution égale; alors la distribution cumulative des échantillons entre les deux a une valeur de proximité. Les données utilisées ont au moins une échelle ordinale.

L'hypothèse sera la suivante:
- H0: La distribution des valeurs dans les deux échantillons est la même ou les deux échantillons proviennent d'une population à distribution égale.
- H1: La distribution des valeurs dans les deux échantillons n'est pas identique ou les deux échantillons proviennent d'une population à distribution inégale.

La formule est la suivante.

$$D_{mn} = \text{Max} \mid S_{n_1}(X) - S_{n_2}(X) \mid$$

Where: n_1 = first sample; n_2 = second sample

8.2 Comment calculer dans IBM SPSS

Dans cet exemple, nous voudrions comparer la fréquence de visite des clients dans les magasins A et B. Dans l'intérêt de cet intérêt, nous prenons 10 clients pour chaque magasin. Les données peuvent être extraites du dossier du test KS.

Les étapes pour effectuer l'analyse sont les suivantes:
- **Analyse > Test non paramétrique > Dialogues hérités.**
- **Deux échantillons indépendants.**
- Déplacer la variable de visite dans la **liste des variables de test** et la stocker dans la **variable de regroupement > Définir le groupe**: entrez une valeur de 1 **Groupe 1** et 2 dans **Groupe 2 > Continuer.**
- **Type de test**: vérifier le **Kolmogorov - Smirnov.**
- cliquez sur **OK.**

Le résultat est le suivant

Frequencies

	Store	N
Frequency of Customer's Visit	A	10
	B	10
	Total	20

Test Statistics[a]

		Frequency of Customer's Visit
Most Extreme Differences	Absolute	.800
	Positive	.000
	Negative	-.800
Kolmogorov-Smirnov Z		1.789
Asymp. Sig. (2-tailed)		.003

a. Grouping Variable: Store

Premièrement: faites l'hypothèse :
- H0: la visite des clients dans une banque A et une banque B est identique
- H1: la visite des clients dans une banque A et une banque B n'est pas la même

Deux: utilisez les critères suivants:
- Si le niveau de signification est < 0,05, rejetez H0 et acceptez H1
- Si le niveau de signification > 0,05, acceptez H0 et rejetez H1

Troisièmement: prenez la décision en comparant le niveau de signification à la valeur 0,05 (α).

D'après la sortie ci-dessus, le niveau de signification est 0,003 < 0,05. Donc rejeter H0 et accepter H1. Cela signifie que la visite des clients dans les banques A et B n'est pas la même

Quatrième: tirer une conclusion

Il existe une différence entre les visites des clients dans les banques A et B.

CHAPITRE 9

TEST COHRAN Q

9.1 Définition

Le test Cochran est une extension du test Mc.Nemar avec un échantillon de plus de deux échantillons dont les échantillons sont dépendants. Cela signifie que l'échantillon est le même mais que le test est effectué différemment. Cette procédure convient mieux aux données d'échelle non métrique, par exemple les valeurs nominales ou catégoriques. La fonction est de voir s'il existe une différence significative dans la fréquence de plus de deux groupes comparés.

La principale hypothèse de cette procédure est que les données sont sous forme d'échelle non métrique, telle que des échelles nominales. En conséquence, les données doivent avoir des échelles nominales.

L'hypothèse sera la suivante:
H0: L'ensemble des fréquences comparées dans trois groupes est identique
H1: L'ensemble des fréquences comparées dans trois groupes n'est pas identique.

La formule est la suivante.

$$Q = \frac{k(k-1)\sum_{j=1}^{k}(Gj - \overline{G})^2}{k\sum_{i=1}^{N} Li - \sum_{i=1}^{N} Li}$$

Where

Gj = number of success in j column

G = Average of Gj

Li = number of success in l row

Degree of Freedom (DF) = k - 1

9.2 Comment calculer sous IBM SPSS

Cette étude permet de vérifier la cohérence des réponses des clients en accord et en désaccord sur l'augmentation du tarif de base de l'électricité. Aux fins de cette recherche, les clients reçoivent des questions sous forme de questions ouvertes, de questions fermées et de questions mixtes. Le but de cette étude est de voir s'il existe une différence significative entre ces trois types de réponses. Les données peuvent être vues dans le dossier de Cochran.

étapes pour effectuer l'analyse est la suivante:

- **Analyse > Tests non paramétriques > hérités Dialogs > K échantillons associés**
- Déplacer trois variables de Question1, Question2 et question3 àcolonne **Variables d'essai**
- **Typetest,** sélectionnez **Q Cochran**
- clèchent **OK**

Le résultat est la suivante

Frequencies

	Value 1	Value 2
Open Ended Question	10	5
Closed Ended Question	9	6
Mixed Question	9	6

Test Statistics

N	15
Cochran's Q	.154^a
df	2
Asymp. Sig.	.926

a. 1 is treated as a success.

La l'interprétation des éléments ci-dessus est la suivante:

premièrement: émettre une hypothèse comme suit :

- H0: les consommateurs ne répondent pas systématiquement aux trois types de questions
- H1: les consommateurs répondent systématiquement aux trois types de questions

deuxièmement: utiliser les critères suivants:
- Si signification niveau < 0,05, puis rejeter H0 et accepter H1
- Si le niveau de signficativité > 0,05, alors accepter H0 et rejeter H1

Troisièmement: prenez la décision en comparant le niveau de significativité à la valeur 0,05 (α).
Sur la base de la sortie ci-dessus, le niveau de signification est 0,926 > 0,05. Acceptez donc H0 et rejetez H1. Cela signifie que les consommateurs ne répondent pas systématiquement aux trois types de questions.

Quatrièmement: tirer une conclusion.

Les trois types de questions relatives à l'augmentation du tarif de base de l'électricité ne répondent pas systématiquement aux besoins des consommateurs.

CHAPITRE 10

DE TESTFRIEDMAN

10.1 Définition

Le test de Friedman est une procédure permettant de vérifier si le nombre de notations du groupe - des groupes comparés est significativement différent ou non. Ce test est une procédure alternative pour ANOVA à mesures répétées. Ainsi, le test de Friedman peut être utilisé pour comparer plus de deux groupes.

Cette procédure est utile pour vérifier si les évaluations moyennes de trois groupes ou plus comparés diffèrent de manière significative. Par conséquent, cette procédure est utile pour voir la différence d'impact du traitement des groupes observés. Les données appropriées pour cette procédure sont les données à l'échelle ordinale. De plus, les données ne doivent pas nécessairement suivre l'hypothèse de distribution normale.

L'hypothèse sera la suivante:

H0: la moyenne des groupes comparés est la même.
H1: la moyenne des groupes comparés est différente.

La formule est la suivante

$$M = \frac{12}{nk(k+1)} \sum R_j^2 - 3n(k+1)$$

Où:
k = nombre de colonnes (également appelé nombre de traitements)
n = nombre de lignes (également appelées blocs)de rangs
Rj = Nombredans la colonne j

10.2 Comment calculer dans IBM SPSS

Dans ce Exemple, nous voulons tester le niveau de satisfaction de la clientèle de la société XYZ en ce qui concerne la fourniture de services de connexion Internet. L'observation est effectuée jusqu'à 3 fois avec un certain intervalle de temps, c'est-à-dire avant que le tarif ne augmente, un mois après la hausse du tarif et 3 mois après la hausse du tarif. Au total, 20 clients en tant que répondants sont employés dans cette étude. Les données peuvent être extraites du dossier de Friedman.

étapes pour effectuer l'analyse est la suivante:

A la position de vuedonnées, sélectionnez:

- Analyse > **Tests non paramétriques** > **hérités Dialogs** > **K échantillons liés**
- Déplacer trois variables avant, one_month et three_month àcolonne des **variables d'essai**
- **typeTest** sélectionnez **Friedman**
- Cliquez sur **OK**

Les résultats seront les suivants:

Ranks

	Mean Rank
Before the tariff increases	2.40
One month after the tariff increases	1.97
Three months after the tariff increases	1.63

Test Statistics[a]

N	15
Chi-Square	6.186
df	2
Asymp. Sig.	.045

a. Friedman Test

Pour interpréter le résultat, procédez

comme suit: Premièrement: Faites l'hypothèse suivante

- H0: le niveau de satisfaction de la clientèle avant et après la hausse des tarifs est identique
- H1: le niveau de satisfaction de la clientèle avant et après l'augmentation du tarif n'est pas la même.

Deuxièmement: utilisez les critères suivants:
- Si le niveau de signification < 0,05, rejetez H0 et acceptez H1
- Si le niveau de signification > 0,05, acceptez H0 et rejetez H1

Troisièmement: prenez la décision en comparant les niveaux de signification et la valeur de 0,05 (α).

Sur la base de la sortie ci-dessus, le niveau de signification est 0,045 < 0,05. Donc rejeter H0 et accepter H1. This means that the level of customer satisfaction before and after the rising tariff is not the same

Quatrième: tirer une conclusion

La conclusion est que le niveau de satisfaction de la clientele n'est pas le même pendant la période précédant l'augmentation des tarifs, un mois après l'augmentation des tarifs et trois mois après l'augmentation des tarifs

CHAPITRE 11

KRUSKAL - TEST DE WALLIS

11.1 Définition

La procédure de Kruskal-Wallis est utilisée pour voir si les groupes comparés proviennent de populations différentes ou indépendamment les uns des autres, ce qui se reflète dans la moyenne de chaque échantillon observé. Le principal usage de cette procédure est de vérifier si la comparaison de groupes provient réellement de populations différentes. Ainsi, la différence n'est pas due uniquement aux différences d'échantillon tirées d'une population aléatoire. La distribution des variables est continue. Les données utilisées au moins l'échelle ordinale.

L'hypothèse sera la suivante:

- H0: trois populations ont la même moyenne

- H1: trois populations ont la moyenne différente

La formule est la suivante.

$$H = \frac{12}{N(N+1)} \Sigma_{j=1}^{k} \frac{Rj^2}{n_j} - 3(N+1)$$

where:

k = number of sample

n_j = cases in j sample

N = cases in all samples

$\Sigma_{j=1}^{k}$ = total sample

11.2 Comment calculer dans IBM SPSS

Dans cet exemple, nous allons comparer si les prix des trois téléphones mobiles ont la même moyenne. Les données sont dans le dossier de Kruskal-Wallis

Les étapes pour effectuer l'analyse sont les suivantes:

• Analyser > Test non paramétrique > Dialogues hérités

• K Échantillons indépendants.

• Déplacez la variable "price" dans la liste de test et "hp' dans la variable de regroupement > Définir groupe: entrez une valeur minimale de 1 et une valeur maximale de 2 > Continuer.

• Type de test: vérifiez Kruskal-Wallis.

• Cliquez sur OK.

Le résultat est le suivant:

Test Statistics[a,b]

	Price
Chi-Square	.195
df	2
Asymp. Sig.	.907

a. Kruskal Wallis Test
b. Grouping Variable: Mobile Phones

Ranks

	Mobile Phones	N	Mean Rank
Price	Samsung	5	7.30
	Apple	5	8.20
	Oppo	5	8.50
	Total	15	

Pour effectuer l'interprétation de la sortie, nous avons besoin des étapes suivantes Premièrement: faire une hypothèse

- H0: le prix moyen de trois téléphones mobiles est le même
- H1: le prix moyen de trois téléphones mobiles n'est pas le même

Deuxièmement: utilisez les critères suivants:

- Si le niveau de signification < 0.05, rejetez H0 et acceptez H1.
- Si le niveau de signification > 0,05, acceptez H0 et rejetez H1.

Troisièmement: prenez la décision en comparant le niveau de signification à la valeur de 0,05 (α).

Sur la base de la sortie ci-dessus, le niveau de signification est 0,967 > 0,05. Acceptez donc H0 et rejetez H1. Cela signifie que le prix moyen de trois téléphones mobiles est identique. En conséquence, le rang moyen qui est différent n'est pas significatif.

Quatrième: tirer une conclusion

Le prix moyen de trois téléphones mobiles est le même bien qu'ils soient différents sur le plan descriptif.

CHAPITRE 12
CORRELATION DE SPEARMAN

12.1 Définition

La corrélation correspond aux techniques d'analyse entrant dans l'une des mesures d'association. La mesure de l'association est un terme général qui désigne un groupe de techniques dans les statistiques à deux variables utilisées pour mesurer la force d'une relation entre deux variables. La mesure de l'association applique des valeurs numériques pour connaître le niveau de l'association ou l'ampleur de la relation entre les variables.

Les deux variables sont dites associées si une variable affecte le comportement d'une autre variable. La corrélation est utile pour mesurer la force d'une relation entre deux variables (parfois plus de deux variables) à certaines échelles, par exemple, les données de corrélation de Pearson doivent être à l'échelle d'intervalle ou de rapport; La corrélation de Spearman utilise l'échelle ordinale.

La relation forte et faible entre les distances mesurées va de 0 à 1. En corrélation, il est possible de tester deux hypothèses à queue. Une valeur de coefficient de corrélation à une queue donne une valeur positive; Inversement, si la valeur du coefficient de corrélation est négative; cela s'appelle aucune corrélation de direction. Qu'entend-on par corrélation de coefficient?

La corrélation de coefficients est une mesure statistique de la covariance ou de l'association entre deux variables. Si le coefficient de corrélation est supérieur à zéro (0), il existe une relation entre deux variables. Si la corrélation de coefficient est 1, la relation est alors appelée corrélation parfaite ou relation linéaire parfaite dont la pente est positive. Autrement. Si la corrélation de coefficient s'avère être égale à -1, la relation est appelée corrélation parfaite ou relation linéaire parfaite dont la pente est négative.

Dans une corrélation parfaite n'est plus nécessaire de tester des hypothèses, car les deux variables ont une relation linéaire parfaite. Cela signifie que la variable de X a une relation très forte avec la variable de Y. Si la corrélation est égale à zéro (0), il n'y a pas de relation entre les deux variables.

In Rank Spearman correlation, the data uses ordinal scale. The relationship between variables does not have to be linear, and the data does not necessarily normally distributed. The assumption used in this correlation is that the next level (rank) must indicate the same distance on measured. If using a Likert scale, then the distance scale used must be the same.

Ce qui suit est la formule

$$r_s = 1 - \frac{6 \sum_{i=1}^{N} d_i^2}{n(n^2 - 1)}$$

L'hypothèse sera la suivante

H0 = Il n'y a pas de corrélation entre les variables de X et de Y
H1 = Il existe une corrélation entre les variables de X et de Y

12.2 Comment calculer dans IBM SPSS

Dans cet exemple, nous souhaitons déterminer si la relation entre la conception d'un emballage de dentifrice A et l'intérêt des consommateurs à acheter Pour ce faire, nous utiliserons 30 consommateurs à interroger. Les données peuvent être vues dans le dossier de Spearman.

Pour effectuer l'analyse, utilisez les étapes suivantes

1. Analyser > Corréler > Bivarié.

2. Déplacez les variables de conception et d'intérêt vers la variable de colonne.

3. Sélectionnez la corrélation de Spearman

4. Test de signification: Sélectionnez Two Tailed.

5. Vérifiez la corrélation significative du drapeau.

6. Option: Valeurs manquantes: Exclure les cas par paire> Continuer.

7. cliquez sur OK

Le résultat est le

Correlations

			Packaging Design	Buying Interest
Spearman's rho	Packaging Design	Correlation Coefficient	1.000	.667**
		Sig. (2-tailed)	.	.000
		N	30	30
	Buying Interest	Correlation Coefficient	.667**	1.000
		Sig. (2-tailed)	.000	.
		N	30	30

** Correlation is significant at the 0.01 level (2-tailed).

L'interprétation du résultat comportera trois éléments:

Premièrement: la force de la corrélation entre la conception de l'emballage et l'intérêt d'achat

La force de la corrélation entre la conception de l'emballage et l'intérêt d'achat s'élève à 0,667. Cela signifie que la corrélation entre les deux variables entre dans la catégorie forte.

Deuxièmement: déterminer l'importance de la corrélation Pour déterminer l'importance de la corrélation, procédez comme suit.

Énoncez l'hypothèse comme suit:

o H0: la corrélation entre la conception de l'emballage et l'intérêt d'achat n'est pas significative.

o H1: la corrélation entre la conception de l'emballage et l'intérêt d'achat est significative

Utilisez les critères suivants

o Si le niveau de signification < 0.05 (0.01), la corrélation des deux variables est significative.

o Si le niveau de signification > 0,05 (0,01), la corrélation des deux variables n'est pas significative

Notes: s'il y a un signe deux étoiles (**), le niveau de signification doit être de 0,01

Prendre la décision comme suit Le niveau de signification de la sortie est 0,000 <0,01; la corrélation des deux variables est donc significative.

La conclusion est qu'il existe une corrélation significative entre la conception de l'emballage et l'intérêt d'achat. La corrélation de coefficient étant positive (0,667), plus le design de l'emballage est intéressant, plus l'intérêt des consommateurs pour l'achat est élevé.

CHAPITRE 13
CORRÉLATION DE KENDALL

13.1 Définition

La corrélation de Kendall était utilisée pour mesurer la force de la relation entre deux variables. Il s'agit de la même corrélation de Spearman, classée dans les statistiques non paramétriques. Les avantages de cette corrélation sont que la corrélation de Kendal peut être généralisée sous une forme de corrélation partielle. Les données d'échelle ordinale sont utilisées et les données ne doivent pas être normalement distribuées. La taille de l'échantillon peut être petite. La corrélation de Kendal peut être alternativement la corrélation de Spearman lorsque le nombre d'échantillons est inférieur à 10..

L'hypothèse de cette procédure est que le niveau suivant (rang) doit indiquer la même distance pour les variables mesurées. Si vous utilisez une échelle de Likert, l'échelle de distance utilisée doit être la même.

La formule est la suivante

$$\tau = \frac{S}{\frac{1}{2}N(N-1)}$$

where:

S: number of observation value +1 and -1

N: number of data

13.2 Comment calculer dans IBM SPSS

Dans ce cas, nous examinerons la relation entre les variables d'attitude vis-à-vis du prix et la décision d'achat. Les données sont sur le dossier de Kendal

Pour effectuer l'analyse, utilisez la procédure suivante:

- Analyser > Corréler > Sélectionner le sous-menu du modèle bivarié.
- Déplacez la variable de prix et achetez dans la colonne Variable.
- Corrélation: sélectionnez le Tau de Kendall.
- Test de signification: Sélectionnez Deux corrélation significative > Indicateur de contrôle.
- Option: Options de valeurs manquantes: Exclure les cas par paire > Continuer.
- cliquez sur OK La sortie est comme suit

Correlations

			Attitude on Price	Buying Interest
Kendall's tau_b	Attitude on Price	Correlation Coefficient	1.000	.697*
		Sig. (2-tailed)	.	.016
		N	10	10
	Buying Interest	Correlation Coefficient	.697*	1.000
		Sig. (2-tailed)	.016	.
		N	10	10

*. Correlation is significant at the 0.05 level (2-tailed).

L'interprétation du résultat comportera trois éléments:
Premièrement: la force de la corrélation entre l'attitude vis-à-vis du prix et l'intérêt d'achat
La force de la corrélation entre l'attitude vis-à-vis du prix et l'intérêt d'achat s'élève à 0,697. Cela signifie que la corrélation entre les deux variables entre dans la catégorie forte.
Deuxièmement: déterminer l'importance de la corrélation Pour déterminer l'importance de la corrélation, procédez comme suit.
Énoncez l'hypothèse comme suit:
o H0: la corrélation entre l'attitude vis-à-vis du prix et l'intérêt d'achat n'est pas significative.
o H1: la corrélation entre l'attitude vis-à-vis du prix et l'intérêt d'achat est significative

Utilisez les critères suivants
o Si le niveau de signification < 0.05, la corrélation des deux variables est significative.
o Si le niveau de signification > 0,05, la corrélation des deux variables n'est pas significative

Prendre la décision comme suit
Le niveau de signification de la sortie est 0,016 < 0,01; la corrélation des deux variables est donc significative.

La conclusion est qu'il existe une corrélation significative entre l'attitude vis-à-vis du prix et l'intérêt d'achat. Le coefficient de corrélation étant positif (0,697), plus l'attitude vis-à-vis du prix est bonne, plus l'intérêt d'achat des consommateurs

CHAPITRE 14

PAIRE T TEST

14.1 Définition

Le test t pour échantillons appariés est utilisé pour comparer la moyenne de deux variables d'un groupe ou d'échantillons liés / dépendants. À partir du résultat du calcul, nous pourrons connaître la différence entre les valeurs de deux variables pour chaque cas, puis tester s'il existe une différence supérieure à la moyenne de 0. ou des échantillons dépendants.

Les données utilisées doivent avoir une échelle d'intervalle et doivent être distribuées normalement. L'hypothèse de base de l'utilisation du test t pour échantillon apparié est que l'observation ou la recherche pour chaque paire doit être dans le même état. La différence moyenne doit être distribuée normalement. La variance pour chacune des variables peut être égale ou non. Cependant, il devrait en être de même afin de ne pas violer l'hypothèse de sphéricité.

L'échantillon apparié que nous utilisons doit être le même, mais les tests sont effectués sur l'échantillon deux fois dans un temps différent ou en utilisant l'intervalle de temps spécifié. Les tests sont effectués en accordant un traitement spécial. Le premier test est effectué avant le second test et le traitement a été utilisé.

La formule est la suivante

$$t = \frac{\bar{x} - \mu}{\partial x / \sqrt{n}}$$

L'hypothèse du test t paired est la suivante

H0 = il n'y a pas de différence en moyenne entre les conditions avant et après

H1 = il y a une différence moyenne entre les conditions avant et après

13.2 Comment calculer dans IBM SPSS

Une recherche expérimentale est menée pour déterminer s'il existe une différence entre l'utilisation des cartes de crédit chez X Bank dans deux conditions différentes: l'utilisation de cartes de crédit lorsque les intérêts n'ont pas encore été relégués et part a déjà été relégué. Les données sont dans le dossier de la paire t.

Pour effectuer l'analyse, suivez les étapes suivantes:
- Analyser > Comparer les moyennes > Test t pour échantillon apparié
- Déplacer simultanément les variables d'avant et après les colonnes appariées vers des variables
- Sélectionnez l'option: entrez un intervalle de confiance de 95% dans la colonne, puis continuez.
- Cliquez ensuite sur OK.

Les résultats sont les suivants:

Paired Differences	Mean		-.400
	Std. Deviation		1.353
	Std. Error Mean		.303
	95% Confidence Interval of the Difference	Lower	-1.033
		Upper	.233
t			-1.322
df			19
Sig. (2-tailed)			.202

Paired Samples Statistics

		Mean	N	Std. Deviation	Std. Error Mean
Pair 1	before the interest decreases	7.50	20	1.277	.286
	after the interest decreases	7.90	20	.968	.216

L'interprétation est la suivante.

- La moyenne de l'utilisation de la carte de crédit avant que l'intérêt ne diminue est jusqu'à 7,5.

- La moyenne de l'utilisation de la carte de crédit après réduction de l'intérêt est jusqu'à 7,9.

Pour réaliser l'hypothèse, utilisez les étapes suivantes

Premièrement: énoncer l'hypothèse

H0 = il n'y a pas de différence en moyenne entre l'avant et après la diminution de l'intérêt de la carte de crédit

H1 = il y a une différence moyenne entre l'avant et l'intérêt de la carte de crédit est diminué

Deuxièmement: utilisez les critères suivants:

- Si le niveau de signification est < 0,05, rejetez H0 et acceptez H1.

- Si le niveau de signification est > 0,05, acceptez H0 et rejetez H1.

Troisièmement: prenez la décision en comparant le niveau de signification à la valeur de 0,05 (α).

Sur la base de la sortie ci-dessus, la valeur du niveau de signification est 0,202> 0,05. Acceptez donc H0 et rejetez H1. Cela signifie qu'il n'y a pas de différence en moyenne entre l'avant et après la diminution de l'intérêt de la carte de crédit. En conséquence, la moyenne qui est différente n'est pas significative.

Quatrième: tirer une conclusion il n'y a pas de différence en moyenne entre l'utilisation de la carte de crédit entre l'avant et après la diminution de l'intérêt de la carte de crédit.

CHAPITRE 15

ECHANTILLON INDÉPENDANT DE T-TEST

15.1 Définition

Le test t de l'échantillon indépendant est utilisé pour comparer la moyenne de deux groupes indépendants. Les sujets observés doivent être choisis au hasard. Ceci est fait s'il y a une différence dans les réponses due à l'existence d'un traitement ou à l'absence de traitement, non à cause d'autres facteurs. L'utilisation principale de cette procédure consiste à comparer la moyenne de deux petits échantillons indépendants / non liés. La condition à remplir est que les deux échantillons présentent la même variance.

Les données utilisées doivent avoir une échelle d'intervalle et doivent être distribuées normalement. la variance des deux groupes comparés doit être égale. Pour obtenir une différence significative, les deux groupes comparés doivent avoir la même variance.

La formule est la suivante

$$t = \bar{x}_1 - \bar{x}_2$$
$$\sqrt{\frac{s1^2}{N1} + s2^2 / N2}$$
With DF = N1 + N2 - 2

L'hypothèse est la suivante
- H0: $\mu1 = \mu2$ (la moyenne de la première population est égale à la moyenne de la deuxième population)
- H1: $\mu1 \neq \mu2$ (la moyenne de la première population n'est pas égale à la moyenne de la deuxième population)

15.2 Comment calculer dans IBM SPSS

Dans ce cas, nous allons comparer la moyenne des ventes pour les deux voitures de A et B. Pour cela, nous analyserons 20 données de vente pour les deux types de voiture. Les données peuvent être extraites du dossier du test indépendant.
Pour effectuer l'analyse, les étapes sont les suivantes:
• Analyser > Sélectionner des moyens de comparaison > Sélectionner un test T indépendant
• Déplacez la variable sales dans Variable de test et marque vers Variable de regroupement, puis définissez les groupes comme suit: entrez 1 dans les groupes 1 et 2 dans le groupe 2. L'option Valeurs manquantes, cochez la case Analyse par analyse des cas d'exclusion, puis appuyez sur Continuer
• Sélectionnez l'option: pour des intervalles de confiance de 95% > Continuer >
• Cliquez sur OK.

Les résultats sont les suivants:

Group Statistics

	Car Brand	N	Mean	Std. Deviation	Std. Error Mean
Sales	A	10	7.20	1.135	.359
	B	10	8.20	1.033	.327

Sales

		Equal variances assumed	Equal variances not assumed
Levene's Test for Equality of Variances	F	.000	
	Sig.	1.000	
t-test for Equality of Means	t	-2.060	-2.060
df		18	17.841
Sig. (2-tailed)		.054	.054
Mean Difference		-1.000	-1.000
Std. Error Difference		.485	.485
95% Confidence Interval of the Difference	Lower	-2.020	-2.020
	Upper	.020	.020

L'interprétation est la suivante
Premièrement: faire le test d'égalité de variance Afin de tester l'égalité de variance, nous utilisons le test de Levene pour l'égalité de variance qui suppose que les deux groupes ont la même variance:

Énoncez l'hypothèse comme suit:
H0: il n'y a pas de différence de variance entre les deux groupes comparés
H1: il y a une différence de variance entre les deux groupes comparés.

Deuxièmement: utilisez les critères suivants:
• Si le niveau de signification est < 0,05, rejetez H0 et acceptez H1.
• Si le niveau de signification est > 0,05, acceptez H0 et rejetez H1.

Troisièmement: prenez la décision en comparant le niveau de signification à la valeur de 0,05 (α).
Sur la base de la sortie ci-dessus, la valeur du niveau de signification est 1.000 > 0.05. Acceptez donc H0 et rejetez H1. Cela signifie qu'il n'y a pas de différence de variance entre les deux groupes comparés. Ainsi, la première condition a été remplie.

L'interprétation suivante est de voir la différence descriptive de moyenne des deux groupes.
• La moyenne des ventes de A est de 7,2; tandis que la moyenne des ventes de B est de 8,2 avec la différence moyenne est de 1.
De manière descriptive, il existe une différence de moyenne des ventes entre les deux voitures

Pour prouver qu'il existe ou non une différence significative, nous allons procéder de la façon suivante:
• H0: la moyenne des ventes entre la voiture de A et B est la même
• H1: la moyenne des ventes entre les voitures de A et B n'est pas la même

Utilisez les critères suivants pour tester l'hypothèse
• Si le niveau de signification est < 0,05, rejetez H0 et acceptez H1.
• Si le niveau de signification est > 0,05, acceptez H0 et rejetez H1.

Prenez ensuite la décision en comparant le niveau de signification à la valeur de 0,05 (α).
• Sur la base de la sortie ci-dessus, le niveau de signification est 0,054 > 0,05. Acceptez donc H0 et rejetez H1. Cela signifie que la moyenne des ventes entre la voiture de A et B est la même
La conclusion est que la moyenne des ventes entre la voiture de A et B est la même. La différence moyenne n'est pas significative.

CHAPITRE 16

ANALYSE DE VARIANCE (ANOVA À UNE MANIÈRE)

16.1 Définition

La procédure d'analyse d'ANOVA unidirectionnelle donnera un facteur en tant que variable indépendante et une variable dépendante. L'utilisation principale de cette technique est de tester l'hypothèse qui prouve que la moyenne est égale ou non. Cette technique d'analyse est une extension du test t avec plus de deux échantillons indépendants. La principale différence avec le test t est que la technique Anova peut identifier quel groupe a une moyenne identique ou différente. En comparant les groupes, la technique d'analyse Anova utilise la méthode de test de la relation entre une variable dépendante en utilisant l'échelle d'intervalle ou de rapport avec une ou plusieurs variables d'échelle nominale.

L'utilisation principale de cette technique consiste à comparer une moyenne de plus de deux groupes. Les conditions à respecter sont les suivantes:

- Homogénéité de la variance: la variable dépendante doit avoir une homogénéité de la variance dans chaque catégorie de la variable indépendante. Pour connaître l'homogénéité de la variance, consultez la valeur du niveau de signification à l'aide du test d'homogénéité de la variance de Levene. La provision est que le niveau de signification doit être supérieur à 0,05. Cette disposition repose sur la décision d'acceptation de l'hypothèse. Si la valeur du niveau de signification est supérieure à 0,05, acceptez H0, ce qui signifie que la variance comparée est égale entre les groupes. Si la valeur du niveau de signification est inférieure à 0,05, rejetez H0, ce qui signifie que la variance comparée entre les groupes n'est pas la même. Dans des conditions telles que la condition ne peut être remplie et que des analyses plus approfondies ne puissent être poursuivies

- Échantillon aléatoire: pour obtenir des résultats significatifs lors des tests, les sujets de chaque groupe doivent être sélectionnés de manière aléatoire ou, en d'autres termes, à l'aide des techniques de la probabilité.

- Les données doivent être normalement distribuées et avoir une échelle d'intervalle

La formule est la suivante:

Pour obtenir la valeur de la somme du carré (SST):

$$SS_T = \sum (x_i - \bar{x})^2$$

Pour calculer le carré moyen (MS)

$$MS = \frac{SS}{df}$$

Pour calculer le ratio F

$$F = \frac{\text{modèle MS}}{\text{MS variable}}$$

Modèle MS: variation pouvant être expliquée par le modèle
Variable MS: variation pouvant être expliquée par la variable ou en dehors du modèle

L'hypothèse

H0: µ1 = µ1 = µ1... µi (les groupes comparés ont la même moyenne)

H0: µ1 µ1 µ1... µi (les groupes comparés ont des moyennes différentes)

16.2 Comment calculer dans IBM SPSS

Un concessionnaire automobile de "XYZ" aimerait savoir s'il existe des différences dans les ventes moyennes de voitures de A, B, C et D. Il souhaite également connaître la marque de voiture la plus vendue au cours de l'année. Les données peuvent être extraites du dossier ANOVA.

Pour calculer dans IBM SPSS, procédez comme suit.

• Analyser > Comparer les moyennes > One Way Anova.

• Déplacez la variable de vente dans la liste Dépendant.

• Déplacez la variable voiture vers Facteur ou Groupe.

• Option: sélectionnez Statistiques descriptives, Homogénéité de la variance et Tracé des moyennes. Pour les valeurs manquantes, sélectionnez Analyse par analyse des cas à exclure. Puis appuyez sur Continuer.

• Sélectionnez Post Hoc en cochant les cases T2 de Bonferroni et Tamhane, puis appuyez sur Continuer.

• Appuyez sur OK.

Les résultats et l'interprétation sont les suivants:

Descriptives

Sales

	N	Mean	Std. Deviation	Std. Error	95% Confidence Interval for Mean		Minimum	Maximum
					Lower Bound	Upper Bound		
A	10	7.20	1.135	.359	6.39	8.01	5	9
B	10	8.20	1.033	.327	7.46	8.94	7	10
C	10	8.80	.632	.200	8.35	9.25	8	10
D	10	8.70	1.160	.367	7.87	9.53	7	10
Total	40	8.23	1.165	.184	7.85	8.60	5	10

Le résultat descriptif montre les différences moyennes de la vente des quatre voitures:

• La moyenne de vente d'une voiture est 7.20 (7)

• La moyenne de vente de la voiture B est de 8.20 (8)

- La moyenne de vente de la voiture C est de 8,80 (9)

- La moyenne de vente de la voiture D est de 8.70 (9)

La vente la plus élevée concerne les voitures C et D autant que 9 voitures.

Test of Homogeneity of Variances

Sales

Levene Statistic	df1	df2	Sig.
1.380	3	36	.264

La sortie ci-dessus est utilisée pour tester l'homogénéité de la variance en procédant comme suit.

Énoncez l'hypothèse comme suit
o H0: La variance des quatre groupes que nous comparons est égale
o H1: La variance des quatre groupes que nous comparons n'est pas égale

La valeur de signification du test de Levene (sig) est de 0,264.

Utilisez les critères suivants:
o Si le niveau de signification est supérieur à 0,05, acceptez H0 et rejetez H1.
o Si le niveau de signification est <0,05, rejetez H0 et acceptez H1.

Prendre la décision comme suit

Parce que la valeur du niveau de signification est 0.246 > 0.05, acceptez H0 et rejetez H1

La conclusion est que les mêmes groupes ont la même variance

ANOVA

Sales

	Sum of Squares	df	Mean Square	F	Sig.
Between Groups	16.075	3	5.358	5.228	.004
Within Groups	36.900	36	1.025		
Total	52.975	39			

Le résultat ci-dessus est utilisé pour tester la différence significative des quatre groupes comparés. Utilisez les étapes suivantes pour tester l'hypothèse.

Énoncez l'hypothèse comme suit
o H0: la moyenne des ventes des quatre voitures comparées est égale
o H1: la moyenne de la vente des quatre voitures que nous comparons n'est pas égale

La valeur de signification du test F (sig) est de 0,004

Utilisez les critères suivants:
o Si le niveau de signification est > 0,05, acceptez H0 et rejetez H1.
o Si le niveau de signification est < 0,05, rejetez H0 et acceptez H1.

Prendre la décision comme suit
Parce que la valeur du niveau de signification est 0.004 <0.05, rejetez H0 et acceptez H1.

La conclusion est que la moyenne de la vente des quatre voitures que nous comparons n'est pas égale. Cela signifie que le prix de vente moyen des quatre voitures est très différent.

Multiple Comparisons

Dependent Variable: Sales

	(I) Car Brand	(J) Car Brand	Mean Difference (I-J)	Std. Error	Sig.	95% Confidence Interval Lower Bound	95% Confidence Interval Upper Bound
Bonferroni	A	B	-1.000	.453	.202	-2.26	.26
		C	-1.600*	.453	.007	-2.86	-.34
		D	-1.500*	.453	.013	-2.76	-.24
	B	A	1.000	.453	.202	-.26	2.26
		C	-.600	.453	1.000	-1.86	.66
		D	-.500	.453	1.000	-1.76	.76
	C	A	1.600*	.453	.007	.34	2.86
		B	.600	.453	1.000	-.66	1.86
		D	.100	.453	1.000	-1.16	1.36
	D	A	1.500*	.453	.013	.24	2.76
		B	.500	.453	1.000	-.76	1.76
		C	-.100	.453	1.000	-1.36	1.16
Tamhane	A	B	-1.000	.485	.284	-2.43	.43
		C	-1.600*	.411	.010	-2.86	-.34
		D	-1.500	.513	.053	-3.02	.02
	B	A	1.000	.485	.284	-.43	2.43
		C	-.600	.383	.590	-1.76	.56
		D	-.500	.491	.903	-1.95	.95
	C	A	1.600*	.411	.010	.34	2.86
		B	.600	.383	.590	-.56	1.76
		D	.100	.418	1.000	-1.18	1.38
	D	A	1.500	.513	.053	-.02	3.02
		B	.500	.491	.903	-.95	1.95
		C	-.100	.418	1.000	-1.38	1.18

*. The mean difference is significant at the 0.05 level.

Le résultat ci-dessus montre les différences moyennes entre les quatre groupes dans lesquels nous pouvons voir les différences de la vente de chaque voiture individuellement. Nous allons tester l'hypothèse pour la comparaison multiple en commençant par la voiture A par rapport à B, A et D. Conduire l'hypothèse comme suit Comparaison entre la voiture A et la voiture B

Énoncez l'hypothèse comme suit
o H0: la moyenne des ventes des voitures A et B est égale
o H1: la moyenne des ventes des voitures A et B n'est pas égale

La valeur de signification (sig) est 0,202

Utilisez les critères suivants:
o Si le niveau de signification est > 0,05, acceptez H0 et rejetez H1.
o Si le niveau de signification est < 0,05, rejetez H0 et acceptez H1.

Prendre la décision comme suit
Parce que la valeur du niveau de signification est 0,202> 0,05, acceptez H0 et rejetez H1.

La conclusion est que la moyenne de la vente de la voiture A et de la voiture B est égale. Cela signifie que la vente des voitures A et B est identique. La différence de moyenne descriptive n'est pas significative. Comparaison entre la voiture A et la voiture C

Énoncez l'hypothèse comme suit
o H0: la moyenne des ventes des voitures A et C est égale
o H1: la moyenne des ventes des voitures A et C n'est pas égale

La valeur de signification est 0,007

Utilisez les critères suivants:
o Si le niveau de signification est supérieur à 0,05, acceptez H0 et rejetez H1.
o Si le niveau de signification est <0,05, rejetez H0 et acceptez H1.

Prendre la décision comme suit
Comme la valeur du niveau de signification est 0,007 <0,05, rejetez H0 et acceptez H1.

La conclusion est que la moyenne des ventes des voitures A et C n'est pas égale. Cela signifie que la vente des voitures A et C est différente. La différence moyenne descriptive est significativeComparison between the A Comparaison entre la voiture A et la voiture D

Énoncez l'hypothèse comme suit
o H0: la moyenne des ventes des voitures A et D est égale
o H1: la moyenne des ventes des voitures A et D n'est pas égale

La valeur de signification est 0.013

Utilisez les critères suivants:
o Si le niveau de signification est supérieur à 0,05, acceptez H0 et rejetez H1.

o Si le niveau de signification est <0,05, rejetez H0 et acceptez H1.

Prendre la décision comme suit
Parce que la valeur du niveau de signification est 0.013 <0.05, rejetez H0 et acceptez H1.

La conclusion est que la moyenne de la vente de la voiture A et de la voiture D n'est pas égale. Cela signifie que la vente de la voiture A et de la voiture D est différente. La différence moyenne descriptive est significative

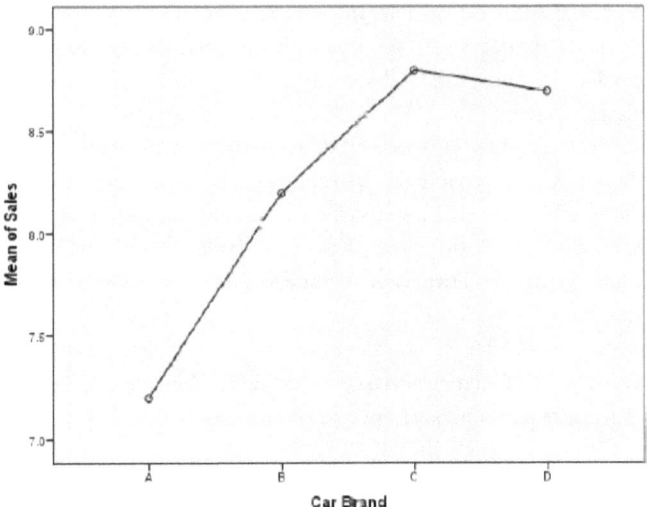

Le graphique ci-dessus montre la moyenne des ventes des quatre voitures qui augmente jusqu'à 9 et diminue à nouveau autour de 8,5 (8).

CHAPITRE 17

ANALYSE DE COVARIANCE (ANCOVA)

17.1 Définition
L'analyse de covariance (ANCOVA) est un modèle linéaire général avec une variable dépendante continue (variable métrique) et au moins deux variables indépendantes continues (parfois appelées prédicteurs) dans lesquelles l'une des variables indépendantes est une variable catégorique. ANCOVA est une extension de ANOVA fonctionnant également pour prédire la variable dépendante en ajoutant une ou plusieurs variables continues. Cette variable n'appartient pas à l'expérience, mais est supposée contribuer à la variable dépendante appelée covariable. La différence entre ANOVA et ANCOVA réside dans la présence d'une covariable. Dans ANOVA, la variable indépendante fait partie de l'expérience, tandis que dans ANCOVA, la covariable n'est pas incluse dans l'expérience.
ANCOVA a pour objectif de vérifier si la valeur de la variable dépendante sera différente à tous les niveaux de facteurs lorsque nous contrôlons les différences individuelles entre tous les participants mesurés par sa covariable.

Les conditions requises pour utiliser ANCOVA sont les suivantes:
• La variable dépendante est une variable d'échelle d'intervalle.
• Les variables indépendantes: une variable indépendante a une variable d'échelle d'intervalle et une autre une variable d'échelle nominale (ordinale).
• Les variables comparées doivent avoir la variance d'erreur égale
ANCOVA utilise 1) pour améliorer la précision des comparaisons entre groupes en tenant compte de la variation par rapport aux variables indépendantes importantes; 2) pour ajuster la comparaison des intergroupes non équilibrés au sein des variables indépendantes importantes en raison des différences d'échelles, à savoir une variable est une variable d'échelle d'intervalle et une autre est une variable d'échelle nominale. Une autre utilisation d'ANCOVA consiste à comparer les caractéristiques inégales du groupe.

17.2 Comment calculer dans IBM SPSS
Dans cet exemple, nous verrons les différences de ventes entre les 5 téléphones cellulaires: Nokia, Black Berry, Samsung, LG et Nexian. Le fichier peut être pris dans le dossier de ANCOVA

Les étapes à calculer sont les suivantes
- Analyser> Modèle de couche générale> Univarié
- Déplacez la variable de vente vers la variable dépendante. et variable de marque en facteur fixe; et variable de prix à Covariable.
- Sélectionnez Contraste> Simple.
- Dans la catégorie de référence, sélectionnez d'abord
- Cliquez sur Modifier> Continuer • Sélectionnez Options: choisissez une marque dans le (s) facteur (s) et dans l'interaction du facteur et déplacez-la dans le moyen d'affichage. Cochez Comparer les effets principaux. Au choix du réglage de l'intervalle de confiance, sélectionnez Bonferonni.
- À l'affichage, cochez Statistiques descriptives, estimations de la taille de l'effet, estimations des paramètres, test d'homogénéité et tracé résiduel> Continuer
- Tracer> Déplacer la marque sur l'axe horizontal> Ajouter> Continuer
- Cliquez sur OK

Les résultats et l'interprétation sont les suivants

Between-Subjects Factors

		Value Label	N
Brand	1	Nokia	10
	2	Black Berry	10
	3	Samsung	10
	4	LG	10
	5	Nexian	10

La sortie ci-dessus nous informe qu'il y a cinq marques avec 10 caisses pour chaque marque.

Descriptive Statistics

Dependent Variable: Sales

Brand	Mean	Std. Deviation	N
Nokia	61.20	3.120	10
Black Berry	50.20	5.160	10
Samsung	55.60	4.835	10
LG	50.50	6.553	10
Nexian	50.50	3.028	10
Total	53.60	6.279	50

La sortie ci-dessus nous indique la moyenne des ventes et l'écart type des cinq marques. La moyenne des ventes de Nokia est de 61,20 (61). La moyenne des ventes de Black Berry est de 50,20 (50). La moyenne des ventes de Samsung est de 55,60 (56). La moyenne des ventes de LG est de 50,50 (50). La moyenne des ventes de Nexian est de 53,60 (54).

Levene's Test of Equality of Error Variances[a]

Dependent Variable: Sales

F	df1	df2	Sig.
2.419	4	45	.062

Tests the null hypothesis that the error variance of the dependent variable is equal across groups.

a. Design: Intercept + price + brand

Le test de Levene est utilisé pour tester l'égalité de variance parmi les groupes que nous comparons. Le test d'hypothèse peut être effectué comme suit.

Premièrement: énoncer l'hypothèse comme suit
o H0: la variance d'erreur de la variable dépendante est égale entre les groupes
o H1: la variance d'erreur de la variable dépendante n'est pas égale entre les groupes

La valeur de signification est 0,062

Utilisez les critères suivants:
o Si le niveau de signification est supérieur à 0,05, acceptez H0 et rejetez H1.
o Si le niveau de signification est <0,05, rejetez H0 et acceptez H1.

Prendre la décision comme suit
Parce que la valeur du niveau de signification est 0.062> 0.05, acceptez H0 et rejetez H1 Cela signifie que la variance d'erreur de la variable dépendante est égale entre les groupes. L'exigence de l'ANCOVA a été remplie par ce modèle.

Tests of Between-Subjects Effects

Dependent Variable: Sales

Source	Type III Sum of Squares	df	Mean Square	F	Sig.	Partial Eta Squared
Corrected Model	929.849[a]	5	185.970	8.165	.000	.481
Intercept	6036.735	1	6036.735	265.046	.000	.858
price	4.449	1	4.449	.195	.661	.004
brand	915.308	4	228.827	10.047	.000	.477
Error	1002.151	44	22.776			
Total	145580.000	50				
Corrected Total	1932.000	49				

a. R Squared = .481 (Adjusted R Squared = .422)

La sortie ci-dessus montre le test d'effets entre sujets.
Nous pouvons utiliser la sortie pour évaluer la qualité de
l'ajustement du modèle et l'effet des variables indépendantes sur la variable dépendante.

Premièrement: évaluation de la qualité de l'ajustement du modèle

L'hypothèse sera la suivante:
H0: Le prix et la marque n'affectent pas les ventes de manière significative
H1: Le prix et la marque affectent considérablement les ventes

Utilisez les critères suivants:
o Si le niveau de signification est > 0,05, acceptez H0 et rejetez H1.
o Si le niveau de signification est < 0,05, rejetez H0 et acceptez H1.

La signification sur le modèle corrigé est 0,000

Prendre la décision comme suit
Comme la valeur du niveau de signification est 0,000 < 0,05, rejetez H0 et acceptez H1. Cela signifie que simultanément le prix et la marque affectent les ventes de manière significative

Deuxièmement: évaluation de la relation entre la marque et les ventes
L'hypothèse sera la suivante:
H0: la marque n'affecte pas les ventes de manière significative
H1: la marque affecte les ventes de manière significative

Utilisez les critères suivants:
o Si le niveau de signification est supérieur à 0,05, acceptez H0 et rejetez H1.
o Si le niveau de signification est < 0,05, rejetez H0 et acceptez H1.
La variable d'importance à la marque est 0,000

Prendre la décision comme suit
Comme la valeur du niveau de signification est 0,000 < 0,05, rejetez H0 et acceptez H1. Cela signifie que la marque affecte les ventes de manière significative

Troisièmement: évaluation de la relation entre le prix et les ventes
L'hypothèse sera la suivante:
H0: le prix n'affecte pas les ventes de manière significative
H1: le prix affecte les ventes de manière significative
Utilisez les critères suivants:
o Si le niveau de signification est > 0,05, acceptez H0 et rejetez H1.
o Si le niveau de signification est < 0,05, rejetez H0 et acceptez H1.

La significativité à la variable de prix est 0.661

Prendre la décision comme suit
Parce que la valeur du niveau de signification est 0.661 > 0.05, acceptez H0 et rejetez H1. Cela signifie que le prix n'affecte pas les ventes de manière significative

Parameter Estimates

Dependent Variable: Sales

Parameter	B	Std. Error	t	Sig.	95% Confidence Interval		Partial Eta Squared
					Lower Bound	Upper Bound	
Intercept	49.491	2.737	18.079	.000	43.974	55.008	.881
price	.549	1.241	.442	.661	-1.953	3.050	.004
[brand=1]	10.332	2.291	4.511	.000	5.716	14.949	.316
[brand=2]	-1.216	2.975	-.409	.685	-7.212	4.780	.004
[brand=3]	4.518	2.507	1.802	.078	-.535	9.572	.069
[brand=4]	-.016	2.135	-.008	.994	-4.319	4.286	.000
[brand=5]	0^a	.	.	.	.	.	.

a. This parameter is set to zero because it is redundant.

Les estimations de paramètres montrent l'importance de l'effet des variables indépendantes sur la variable dépendante. L'effet des variables de prix et de marque sur les ventes.

Premièrement: l'effet de la marque sur les ventes
• L'effet de la marque sur les ventes atteint 0,316 et est significatif pour la première marque (Nokia) car le niveau significatif est 0.000 <0,05.
• L'effet de la marque sur les ventes est égal à 0,004 et n'est pas significatif pour la deuxième marque (Black Berry) car le niveau significatif est 0,685> 0,05
• L'effet de la marque sur les ventes atteint jusqu'à 0,069 et n'est pas significatif pour la troisième marque (Samsung) car le niveau significatif est 0,078> 0,05.
• L'effet de la marque sur les ventes est égal à 0,000 et n'est pas significatif pour la quatrième marque (LG) car le niveau significatif est 0,994> 0,05.
• La cinquième marque (Nexian) n'est pas calculée en raison du paramètre redondant

Statistiques Appliquées pour les Entreprises

Deuxièmement: l'effet du prix sur les ventes
L'effet du prix sur les ventes est égal à 0,004 et n'est pas significatif car le niveau significatif est 0.661> 0.05

Contrast Results (K Matrix)

Brand Simple Contrast[a]			Dependent Variable Sales
Level 2 vs. Level 1	Contrast Estimate		-11.549
	Hypothesized Value		0
	Difference (Estimate - Hypothesized)		-11.549
	Std. Error		2.469
	Sig.		.000
	95% Confidence Interval for Difference	Lower Bound	-16.525
		Upper Bound	-6.573
Level 3 vs. Level 1	Contrast Estimate		-5.814
	Hypothesized Value		0
	Difference (Estimate - Hypothesized)		-5.814
	Std. Error		2.189
	Sig.		.011
	95% Confidence Interval for Difference	Lower Bound	-10.225
		Upper Bound	-1.403
Level 4 vs. Level 1	Contrast Estimate		-10.349
	Hypothesized Value		0
	Difference (Estimate - Hypothesized)		-10.349
	Std. Error		2.277
	Sig.		.000
	95% Confidence Interval for Difference	Lower Bound	-14.939
		Upper Bound	-5.759
Level 5 vs. Level 1	Contrast Estimate		-10.332
	Hypothesized Value		0
	Difference (Estimate - Hypothesized)		-10.332
	Std. Error		2.291
	Sig.		.000
	95% Confidence Interval for Difference	Lower Bound	-14.949
		Upper Bound	-5.716

a. Reference category = 1

La K Matrix montre l'importance du contraste entre les marques comparées. L'hypothèse peut être faite comme suit

Premièrement: contraste entre les marques 2 et 1
H0: Le contraste entre les marques 2 et 1 n'est pas significatif
H1: Le contraste entre les marques 2 et 1 est significatif

Utilisez les critères suivants:
- Si le niveau de signification> 0,05, acceptez H0 et rejetez H1.
- Si le niveau de signification est <0,05, rejetez H0 et acceptez H1.

L'importance de la variable dépendante des ventes est 0,000

Prendre la décision comme suit
Comme la valeur du niveau de signification est 0,000 < 0,05, rejetez H0 et acceptez H1. Cela signifie que le contraste entre les marques 2 et 1 est important

Deuxièmement: Contraste entre les marques 3 et 1
H0: Le contraste entre les marques 3 et 1 n'est pas significatif
H1: Le contraste entre les marques 3 et 1 est significatif

Utilisez les critères suivants:
  o Si le niveau de signification est > 0,05, acceptez H0 et rejetez H1.
  o Si le niveau de signification est < 0,05, rejetez H0 et acceptez H1.

L'importance de la variable dépendante des ventes est 0,011

Prendre la décision comme suit
La valeur du seuil de signification étant 0,011 < 0,05, rejetez H0 et acceptez H1. Cela signifie que le contraste entre les marques 3 et 1 est important

Troisième: Contraste entre les marques 4 et 1
H0: Le contraste entre les marques 4 et 1 n'est pas significatif
H1: Le contraste entre les marques 4 et 1 est significatif

Utilisez les critères suivants:
    o Si le niveau de signification est > 0,05, acceptez H0 et rejetez H1.
    o Si le niveau de signification est < 0,05, rejetez H0 et acceptez H1.

L'importance de la variable dépendante des ventes est 0,000

Prendre la décision comme suit
Comme la valeur du niveau de signification est 0,000 < 0,05, rejetez H0 et acceptez H1. Cela signifie que le contraste entre les marques 4 et 1 est important

Quatrième: Contraste entre les marques 4 et 5
H0: Le contraste entre les marques 4 et 5 n'est pas significatif
H1: Le contraste entre les marques 4 et 5 est significatif

Utilisez les critères suivants:
    o Si le niveau de signification est > 0,05, acceptez H0 et rejetez H1.
    o Si le niveau de signification est < 0,05, rejetez H0 et acceptez H1.

L'importance de la variable dépendante des ventes est 0,000

Prendre la décision comme suit
Comme la valeur du niveau de signification est 0,000 < 0,05, rejetez H0 et acceptez H1. Cela signifie que le contraste entre les marques 4 et 5 est significatif.

La conclusion est que le contraste basé sur la marque que nous fabriquons est significatif pour montrer les différences de moyennes des ventes.

Test Results

Dependent Variable: Sales

Source	Sum of Squares	df	Mean Square	F	Sig.	Partial Eta Squared
Contrast	915.308	4	228.827	10.047	.000	.477
Error	1002.151	44	22.776			

La sortie du résultat du test nous informe de l'effet de la variable prix et marques sur les ventes. La quantité d'effet est de 0,477 (partiel eta carré) et est significative car la valeur de signification peut aller jusqu'à 0,000 <0,05.

1. Grand Mean

Dependent Variable: Sales

Mean	Std. Error	95% Confidence Interval	
		Lower Bound	Upper Bound
53.600[a]	.675	52.240	54.960

a. Covariates appearing in the model are evaluated at the following values: Price = 2.526.

La grande moyenne des ventes s'élève à 53 600 (54), la limite inférieure à 52 240 (52) et la limite supérieure à 54 960 (55).

Estimates

Dependent Variable: Sales

Brand	Mean	Std. Error	95% Confidence Interval	
			Lower Bound	Upper Bound
Nokia	61.209[a]	1.509	58.167	64.251
Black Berry	49.660[a]	1.941	45.747	53.573
Samsung	55.395[a]	1.579	52.213	58.577
LG	50.860[a]	1.715	47.404	54.316
Nexian	50.876[a]	1.733	47.384	54.369

a. Covariates appearing in the model are evaluated at the following values: Price = 2.526.

Les estimations de la moyenne des ventes sont les suivantes:
- la moyenne des ventes de Nokia est de 61.209 (61)
- la moyenne des ventes de Black Berry est de 49,660 (50)
- la moyenne des ventes de Samsung est 55.395 (56)
- la moyenne des ventes de LG est 50.860 (51)
- la moyenne des ventes de Nexian est 50.876 (51)

Pairwise Comparisons

Dependent Variable: Sales

(I) Brand	(J) Brand	Mean Difference (I-J)	Std. Error	Sig.[b]	95% Confidence Interval for Difference[b]	
					Lower Bound	Upper Bound
Nokia	Black Berry	11.549*	2.469	.000	4.251	18.846
	Samsung	5.814	2.189	.110	-.654	12.282
	LG	10.349*	2.277	.000	3.618	17.080
	Nexian	10.332*	2.291	.000	3.562	17.102
Black Berry	Nokia	-11.549*	2.469	.000	-18.846	-4.251
	Samsung	-5.735	2.265	.150	-12.428	.959
	LG	-1.200	2.949	1.000	-9.917	7.517
	Nexian	-1.216	2.975	1.000	-10.010	7.577
Samsung	Nokia	-5.814	2.189	.110	-12.282	.654
	Black Berry	5.735	2.265	.150	-.959	12.428
	LG	4.535	2.488	.751	-2.818	11.888
	Nexian	4.518	2.507	.784	-2.892	11.929
LG	Nokia	-10.349*	2.277	.000	-17.080	-3.618
	Black Berry	1.200	2.949	1.000	-7.517	9.917
	Samsung	-4.535	2.488	.751	-11.888	2.818
	Nexian	-.016	2.135	1.000	-6.325	6.292
Nexian	Nokia	-10.332*	2.291	.000	-17.102	-3.562
	Black Berry	1.216	2.975	1.000	-7.577	10.010
	Samsung	-4.518	2.507	.784	-11.929	2.892
	LG	.016	2.135	1.000	-6.292	6.325

Based on estimated marginal means

*. The mean difference is significant at the .05 level.

b. Adjustment for multiple comparisons: Bonferroni.

La comparaison par paires montre la signification des différences moyennes entre les groupes que nous comparons.

- La différence moyenne entre Nokia et Black Berry est de 11,549 et est significative car le niveau de signification atteint 0.000 <0.05.

- La différence moyenne entre Nokia et Samsung est de 58,14 et n'est pas significative car le niveau de signification est égal à 0,110> 0,05.
- La différence moyenne entre Nokia et LG est de 10,349 et est significative car le niveau de signification est égal à 0,000 <0,05.
- La différence moyenne entre Nokia et Black Berry est de 10,332 et est significative car le niveau de signification atteint 0,000 <0,05.

Univariate Tests

Dependent Variable: Sales

	Sum of Squares	df	Mean Square	F	Sig.	Partial Eta Squared
Contrast	915.308	4	228.827	10.047	.000	.477
Error	1002.151	44	22.776			

The F tests the effect of Brand. This test is based on the linearly independent pairwise comparisons among the estimated marginal means.

Les tests univariés montrent le modèle de contraste que nous avons créé. Nous pouvons tester l'hypothèse comme suit

H0: Le modèle de contraste à l'étude n'est pas significatif
H1: Le modèle de contraste à l'étude est significatif

Utilisez les critères suivants:
    o Si le niveau de signification> 0,05, acceptez H0 et rejetez H1.
    o Si le niveau de signification est <0,05, rejetez H0 et acceptez H1.

L'importance de la variable dépendante des ventes est 0,000

Prendre la décision comme suit
Comme la valeur du niveau de signification est 0,000 <0,05, rejetez H0 et acceptez H1. Cela signifie que le modèle de contraste à l'étude est significatif.

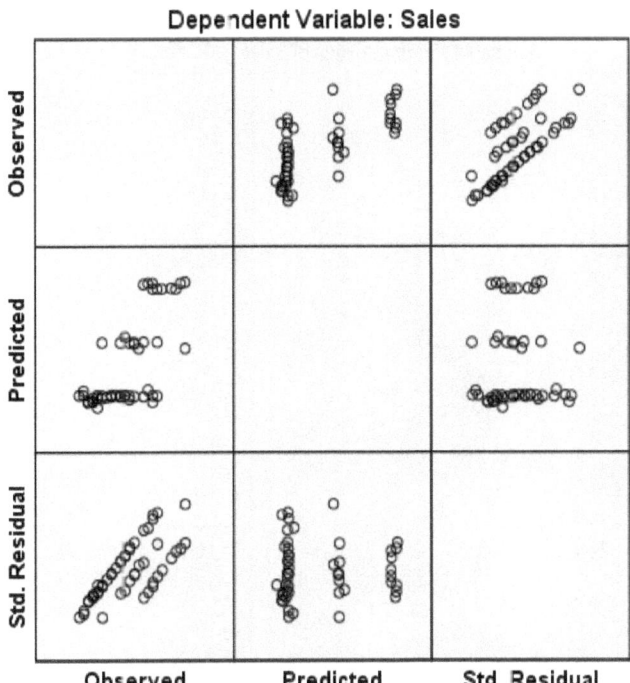

Le graphique ci-dessus nous indique la répartition des données observées, des données prédites et des résidus standard avec le modèle suivant: Intercept + price + brand.

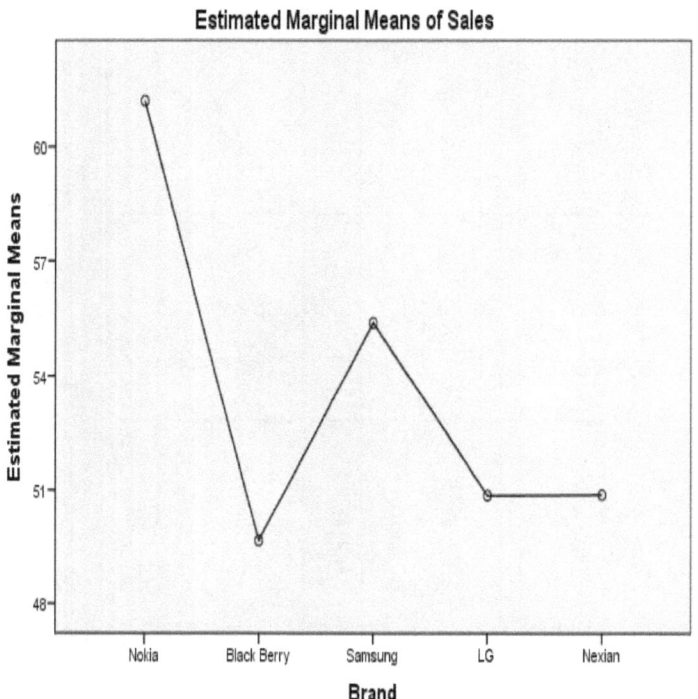

Covariates appearing in the model are evaluated at the following values: Price = 2.526

Le graphique ci-dessus montre les moyennes marginales estimées des ventes des quatre marques où Nokia représente la moyenne marginale la plus élevée et Black Berry, la plus faible.

Les conclusions de l'étude sont les suivantes:
- Le modèle de variables indépendantes utilisant la variable de marque comme facteur et la variable de prix comme covariable avec la variable dépendante des ventes est valide
- Le modèle de contraste basé sur la variable de marque est valide et significatif.
- L'effet de la variable de marque sur les ventes est significatif.

- L'effet de la variable de prix sur les ventes n'est pas significatif.

CHAPITRE 18

CORRELATION DE MOMENTS DE PRODUIT PEARSON

18.1 Définition

La corrélation de Moment du produit Pearson, qui appartient à une mesure paramétrique, générera un coefficient de corrélation ayant pour fonction de mesurer la force d'une relation linéaire entre deux variables. Si la relation entre deux variables n'est pas linéaire, le coefficient de corrélation de Pearson ne reflète pas la force de la relation entre deux variables de l'étude, bien que les deux variables présentent une forte corrélation. Le coefficient de corrélation de Pearson a le symbole " ϱ "si mesuré dans la population et" r "si mesuré dans les échantillons. Le coefficient de corrélation de Pearson est compris entre 0 et 1 et peut être négatif. Si la corrélation du coefficient est -1, les deux variables ont une corrélation linéaire parfaitement parfaite. le coefficient de corrélation est égal à 1, alors les deux variables ont une corrélation linéaire positive parfaite. Si la corrélation de coefficient indique 0, il n'y a pas de corrélation entre les deux variables. Si deux variables ont une corrélation linéaire parfaite, la distribution de ces données forme alors une En réalité, il sera difficile de trouver des données qui puissent former une ligne linéaire parfaite, mais nous pouvons néanmoins trouver les données proches de la ligne droite.

Lorsque vous utilisez la corrélation Pearson Product Moment, les conditions suivantes doivent être remplies:

- Les données doivent avoir une échelle d'intervalle / ratio
- La relation entre les variables de X et de Y doit être indépendante
- Il existe une relation linéaire entre X et Y
- Les données doivent être distribuées normalement
- Les variables de X et Y doivent être symétriques. La variable de X ne fonctionne pas comme une variable indépendante et Y comme une variable dépendante.
- L'échantillon utilisé pour l'étude doit être représentatif
- Les deux variables ont la même variance

Ce qui suit est la formule.

$$r = \frac{n\sum XY - (\sum X)(\sum Y)}{\sqrt{[n\sum X^2 - (\sum X)^2][n\sum Y^2 - (\sum Y)^2]}}$$

18.2 Comment calculer dans IBM SPSS

Une entreprise de motos de ABC veut savoir s'il existe une corrélation entre le produit fabriqué et le volume des ventes. Dans l'intérêt de la recherche, la société a interrogé 35 clients. Les données peuvent être vues dans le répertoire de Pearson.

L'hypothèse est la suivante:

H0: Il n'y a pas de corrélation entre le produit et les ventes
H1: Il existe une corrélation entre le produit et les ventes

Les étapes de l'analyse seront les suivantes.

- **Analyser > Corréler >** sélectionnez le sous-menu de **Bivarié**
- Déplacer les variables de produit et les ventes à la colonne **Variables**
- Sélectionnez le **coefficient de corrélation: Pearson**
- **Test de signification** : Sélectionnez **deux à la queue**
- Check **Flag corrélation significative**
- **Option: Valeurs manquantes** , choisissez: **Exclure les cas par paire** > continuer
- Cliquez sur **OK**

Ce qui suit est le résultat du calcul

Les correlations

		Product	Sales
Product	Pearson Correlation	1	.998**
	Sig. (2-tailed)		.000
	N	35	35
Sales	Pearson Correlation	.998**	1
	Sig. (2-tailed)	.000	
	N	35	35

** La corrélation est significative au niveau 0,01 (bilatéral).

Comment effectuer l'interprétation est la suivante:

- Premièrement: voyez la force de la corrélation entre le produit et les ventes. Sur la sortie ci-dessus, le coefficient de corrélation est égal à 0,998. Cela signifie que la corrélation entre le produit et les ventes est de 0,998 ou que la corrélation entre les deux variables est forte. La note deux étoiles (**) signifieque la corrélation est significative au niveau de signification de 0,01.
- Deuxièmement: regardez l'importance de la corrélation de ces deux variables. Le niveau de signification est égal à 0,000. Étant donné que le seuil de signification est égal à 0,000, il est inférieur à 0,01. La corrélation entre les deux variables est donc significative. Remarques: dans la sortie SPSS, il y a un signe deux étoiles (**), le niveau de signification doit être comparé à 0,01. Si aucun signe de ce type n'existe, le niveau de signification comparé de SPSS par défaut est de 0,05.
- Troisièmement: regardez le sens de la corrélation entre deux variables. La direction de la corrélation peut être vue à partir du résultat du coefficient de corrélation. Si sa valeur est positive, la corrélation entre les deux variables est unidirectionnelle. Cela signifie que si le produit est hautement évalué; les ventes sont également très appréciées.

La conclusion de l'étude est que la corrélation entre le produit et les ventes est forte, significative et unidirectionnelle.

CHAPITRE 19
RÉGRESSION LINÉAIRE
UTILISATION DES DONNÉES DE PANNEAU

19.1 Définition des données du panneau

Avant d'utiliser la procédure de régression pour analyser les données de panel, le rédacteur expliquera d'abord les concepts de base et comprendra ce que l'on entend par les données de panel, les données de série chronologique et les données de section transversale; raisons d'utiliser des données de panel; compréhension du modèle à effet fixe (FEM) et du modèle à effet aléatoire (REM) et des dispositions sur le moment opportun pour utiliser FEM ou REM.

Définition des données chronologiques, des données transversales et des données de panel

Les données de série temporelle sont les données où chaque observation est identifiée en utilisant l'heure ou la date. Les données transversales sont des données dans lesquelles chaque observation est identifiée à l'aide d'un identifiant unique, tel qu'une province ou un pays, ou une entreprise. Les données de panel sont des données agrégées à partir de données de séries chronologiques et de données transversales. Les données du panneau sont également appelées «données groupées», ce qui signifie que ces données ont des dimensions d'espace et de temps. Par exemple, dans une série chronologique, le chercheur examine les variables étudiées sur une période donnée, par exemple les données du PIB sur plusieurs années (entre 2010 et 2018). Alors que dans les données croisées le chercheur recueille les valeurs des variables étudiées provenant de différentes unités d'échantillonnage ou des sujets en même temps, par exemple la collecte de la valeur des actions pour une entreprise , notamment à Jakarta en 2017. En d' autres termes, les séries chronologiques les données utilisent une plage horaire de collecte de données; alors que les données croisées donnent la priorité à différents endroits à un moment donné.

19.2 Une équation de régression simple dans Eviews

Avant d'en apprendre davantage sur la régression linéaire à l'aide des données de panel. Nous commencerons par établir des estimations de base. À titre d'exercice, nous utiliserons des données portant le nom de fichier "simple_regression" et consistant en 1 variable dépendante de Y et 1 variable indépendante de X, avec une quantité de données pouvant aller jusqu'à 32.

Comment générer les données, procédez comme suit.

- Ouvrir les aperçus
- **Créer un nouveau fichier de travail**
- **Fichier > Nouveau > Nom du fichier de travail** : régression simple
- **Type de structure de travail** > sélectionnez **non structuré**
- **Plage de données > Observations**, tapez: 32
- Cliquez sur **OK**

Comment activer le fichier de travail, procédez comme suit

- **Fichier > Importer > Importer un fichier de travail**
- Localisez l'emplacement du fichier > Cliquez sur **Ouvrir**
- Cliquez sur **Suivant** > Cliquez à nouveau sur **Suivant**
- Cliquez sur **Terminer**

Pour effectuer des calculs de régression simples dans Eviews, procédez comme suit:

- Sélectionnez **Rapide > Estimer l'équation**

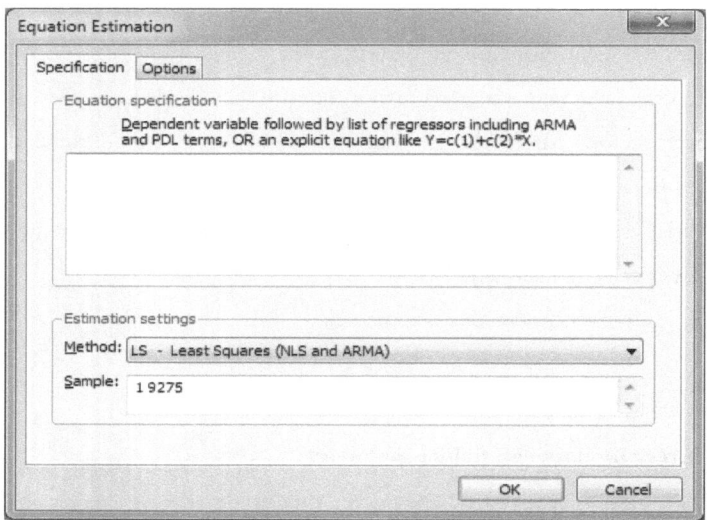

- Écrivez dans la zone Estimation de l'équation comme suit: Y c X (Y est la variable dépendante, c est la valeur constante et X est la variable indépendante)
- Méthode: sélectionnez LS - moins carré
- Cliquez sur OK

Le résultat sera comme suit.

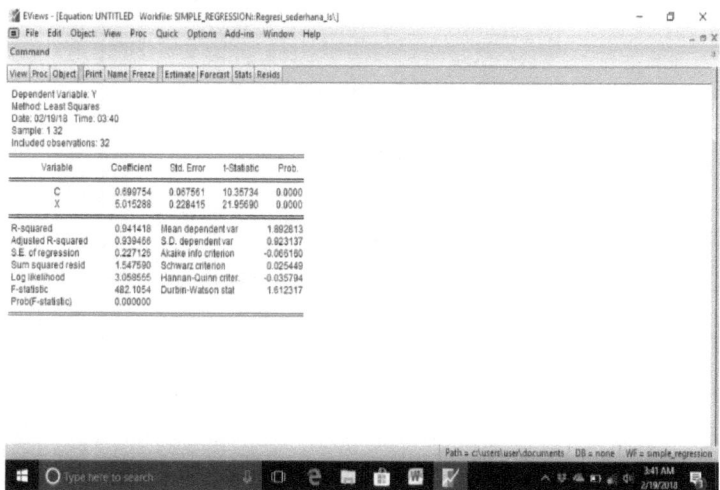

L'interprétation sera la suivante

Dans la sortie ci-dessus nous informe les points suivants:

- La variable dépendante: Y
- Méthode que nous utilisons: moindre carré
- Échantillon: 1, 32 (1 échantillon avec 32 données)
- Observation: 32 (quantité de données observées)

Principale valeur des paramètres

Variables	Des coefficients	Erreur standard	t Statistique	Probabilité
C	0,699754	0,067561	10.35734	0,0000
X	5.015288	0,228415	21.95690	0,0000

La sortie ci-dessus peut être expliquée comme suit.

Des coefficients

- C: une valeur constante (intersection) égale à 0,699754, ce qui signifie que la valeur des ventes augmente jusqu'à 0,699754 lorsque la promotion est égale à 0
- X: un coefficient de régression de X, qui mesure la contribution de la variable indépendante à la variable dépendante. Il est obtenu jusqu'à 5,015288. Cela signifie que si la promotion est augmentée d'une unité, les ventes augmenteront de 5,015288.

Erreur standard

La valeur d'erreur standard pour C est 0,067561 et la variable X, 0,228415. La valeur d'erreur standard plus petite (proche de 0) indique que l'estimation dans le modèle de régression est en train de devenir correcte. La formule est la suivante.

$$Se = \sqrt{\frac{\sum Y^2 - a \sum Y - b \sum XY}{n-2}} \sqrt{\frac{\sum Y^2 - a \sum Y - b \sum XY}{n-2}}$$

t Statistique (t Valeur)

La valeur t pour C est 10,35734 et pour X est 21,95690. La valeur de t est utilisée pour tester l'hypothèse et voir la signification du coefficient de régression reflétant l'ampleur de l'effet de la variable indépendante X sur la variable dépendante Y. La valeur de t est générée à partir de l'estimateur de coefficient divisé par la norme Erreur. Plus la valeur de t est grande, plus nous rejetons l'hypothèse nulle (H0) et acceptons l'hypothèse alternative (H1).

La formule est la suivante

$$to = \frac{b_k}{Sb_k} \frac{b_k}{Sb_k}$$

avec $Sb = \frac{Se}{\sqrt{\Sigma X^2}} \frac{Se}{\sqrt{\Sigma X^2}}$ et $Se = \sqrt{\frac{\Sigma Y^2 - a\Sigma Y - b\Sigma XY}{n-2}} \sqrt{\frac{\Sigma Y^2 - a\Sigma Y - b\Sigma XY}{n-2}}$

Le test d'hypothèse utilisant la valeur t peut être effectué comme suit.
Hypothèse d'état
H0: X n'a pas d'effet significatif sur Y
H1: X a un effet significatif sur Y

Utilisez les critères suivants:
Si t observation (à)> t table (tα); puis rejeter H0 et accepter H1
Si t observation (à) <t table (tα); puis accepter H0 et rejeter H1

La valeur de la table T peut être obtenue en utilisant les conditions suivantes: α (alpha) et valeur de 0,05 Degré de Liberté valeur (DF) de n-2 ou 32-2: 30; alors obtenu t valeur de la table de 1,669 (pour un test à sens unique). Pour les tests bidirectionnels, la valeur alpha devient 0,05 / 2 ou 0,025, ce qui permet d'obtenir la valeur de table de 2,045. La valeur de to pour la variable de X est 21,95690> t table de 2,045, puis rejetez H0 et acceptez H1. La conclusion est la suivante: la variable X a un effet significatif sur Y de manière significative.

Valeur de probabilité

La valeur de probabilité pour C est 0,000 et pour X est 0,0000. Cette valeur est utilisée comme une autre alternative pour tester l'hypothèse de l'importance de l'effet de X sur Y en tant que valeur de t ci-dessus. La valeur de probabilité est plus petite ou plus proche de 0, plus nous rejetons H0 et acceptons H1.

L'hypothèse ci-dessus peut être testée en utilisant les valeurs de probabilité suivantes

- o Si le niveau de probabilité est supérieur à 0,05, acceptez H0 et rejetez H1.
- o Si le niveau de probabilité est inférieur à 0,05, rejetez H0 et acceptez H1.

La probabilité de X est 0.000

Prendre la décision comme suit
Étant donné que la valeur du niveau de probabilité est 0,000 <0,05, rejetez H0 et acceptez H1. Cela signifie que X a un effet significatif sur Y.

La valeur de R au carré (R^2)

Valeur R au carré de 0,941418. la valeur R^2 reflète la proportion de variation de la variable dépendante Y qui peut être expliquée à l'aide de la variable indépendante X. La conclusion est que la variation de la variable Y de 0,941418 (94%) peut être expliquée à l'aide de la variable X. Cette valeur est comprise entre 0 et 1 et est toujours positive. Si la valeur de R^2 se ferme à 1, le modèle de régression linéaire que nous réalisons est réalisable. Ce qui suit est la formule.

$$R^2 = SSreg / SStotal = 1 - SSres / SStotal$$

La valeur du R ajusté au carré

La valeur de R ajustée au carré est 0,939466. Cette valeur est un ajustement de la valeur de R^2 étant donné le nombre de variables indépendantes. Cette valeur est toujours inférieure à la valeur de R^2. Il est supposé que l'addition du nombre de variables indépendantes augmentera cette valeur. Cette valeur est également utilisée comme valeur de la faisabilité du modèle de régression que nous élaborons. Si la valeur du R^2 ajusté approche 1, donc le modèle de régression que nous faisons plus est possible.

Erreur type de régression (Se)
La valeur de l'erreur type de régression est la valeur de l'écart type de la valeur de la variable Y de la droite de régression estimée. Elle est souvent également utilisée comme mesure de la qualité de l'ajustement du modèle de droite de régression estimé. Cette valeur est également appelée erreur standard d'estimation. La sortie affiche la valeur Se jusqu'à 0,227126. Plus cette valeur est petite, plus la prédiction du modèle de régression est précise .

Valeur résiduelle du carré (SSR)
Somme carrée La valeur résiduelle est le nombre de résidus au carré ou est également appelée variation inexpliquée de la valeur Y sur la ligne de régression. Sa valeur est 1.547590. Plus la valeur est petite, meilleur est le modèle de régression que nous créons.

Journal de probabilité Journal (Fonction de probabilité de journal / LLF)
La valeur de vraisemblance du journal indique le coefficient estimé qui suppose que l'erreur est normalement distribuée. Sa valeur est 3.058555. Plus la valeur est grande, meilleur est le modèle de régression créé. LLF est une fonction du paramètre β (coefficient de régression).

La valeur des statistiques F
La valeur de la statistique F est 482.1054. Cette valeur est utilisée pour tester l'hypothèse simultanément en comparant avec la valeur de la table F obtenue dans les conditions suivantes: la valeur de alpha (α) égale à 0,05 et le numérateur: k -1 avec le dénominateur: n - k. Dans ce cas, le nombre de variables est 2 et la quantité de données est 32. Ainsi, le numérateur obtenu 1 et le dénominateur 30, puis la valeur de F table de 4.17. Parce que la valeur de

l'observation F (Fo) peut aller jusqu'à 482.1054> table F (Fα) de 4,17; puis rejetez H0 et acceptez H1. Pour l'utiliser dans le test d'hypothèse, les étapes sont les suivantes.

Hypothèse

H0: X n'a pas d'effet significatif sur Y

H1: X a un effet significatif sur Y

Les critères pour tester l'hypothèse sont les suivants

Si Fo> Fα; puis rejeter H0 et accepter H1

Si Fo <Fα; puis accepter H0 et rejeter H1

La valeur Fo atteint jusqu'à 482.1054 > Fα jusqu'à 4.17. La conclusion est que la variable X a un effet significatif sur la variable Y.

La valeur moyenne de la variable dépendante

La moyenne de la variable dépendante (Y) a pour valeur 1. 892813.

Valeur d'écart type de la variable dépendante

L'écart-type de la variable dépendante est 0,923137. Lorsque cette valeur diminue, le modèle de régression est plus correct.

Critères d'Akaike

La valeur du critère d'Akaike est la valeur montrant la qualité de l'ajustement du modèle, la disposition stipulant que plus sa valeur est petite, plus le modèle que nous créons est correct. Dans cet exercice, la valeur d'Akaike est de -0,066160

Critères de Schwarz

La valeur de Schwarz est égale à la valeur de Akaike avec la disposition stipulant que plus la valeur est petite, plus le modèle que nous créons est correct. Dans cet exercice, la valeur est 0.025449

Critères Hannan-Quinn

La valeur de Hannan-Quinn est similaire à celle d'Akaike et de Schwarz. Dans cet exercice, la valeur est obtenue jusqu'à -0,035794.

La valeur de Durbin Watson

La valeur Durbin - Watson (DW) est utilisée pour vérifier si une corrélation automatique se produit ou non dans les données observées. Dans Eviews, il est appelé corrélation série. Il n'y a pas d'autocorrélation lorsque la valeur DW est: $-2 \leq DW \leq 2$. Dans cet exercice, la valeur est 1,612317; il n'y a donc pas d'autocorrélation dans ces données.

CHAPITRE 20
RÉGRESSION ROBUSTE

20.1 Définition

Robuste signifie que la relation entre les variables sera significative même si l'hypothèse sous-jacente n'a pas encore été respectée. Par exemple, lorsque nous souhaitons utiliser la procédure d'analyse de régression linéaire; les données observées doivent être distribuées normalement. Lorsque nous ne pouvons pas satisfaire à cette exigence, la procédure alternative est la régression robuste. La régression robuste s'appelle aussi Robust Least Square, ce qui est utile pour analyser les valeurs aberrantes. Les valeurs aberrantes montrent un résidu important. Le résidu est la différence entre les données observées et les valeurs prédites. La condition idéale est le résidu autant que 0.

20.2 Comment calculer dans Stata

Dans Dans cet exemple, nous allons utiliser les deux variables indépendantes de X1 et X2 avec une variable dépendante de Y. Le but de l'étude est d'évaluer la quantité d'effet de X1 et X2 sur Y. Utilisez les données du dossier de régression robuste. .

Pour utiliser la régression robuste, utilisez les étapes suivantes

Premièrement: saisir les données au format Excel

Deuxièmement: Activez le programme de Stat Transfer pour transformer les données au format Stata et enregistrez sous le fichier robust.dta. Puis procédez comme suit.

- Type de fichier d'entrée: sélectionnez Excel
- Spécification de fichier: parcourez et trouvez le fichier de robust.xlsx> Ouvrir
- Type de fichier de sortie: sélectionnez Stata
- Spécification de fichier: save as robust.dta
- Cliquez sur Transfert> Cliquez sur OK

Troisièmement: effectuer une analyse à l'aide de Stata en procédant comme suit

- Activer Stata
- **Fichier > Ouvrir** > trouver le fichier de robust.dta > **Ouvrir**
- **Statistiques > Modèle linéaire et connexes > Autre > Régression robuste**

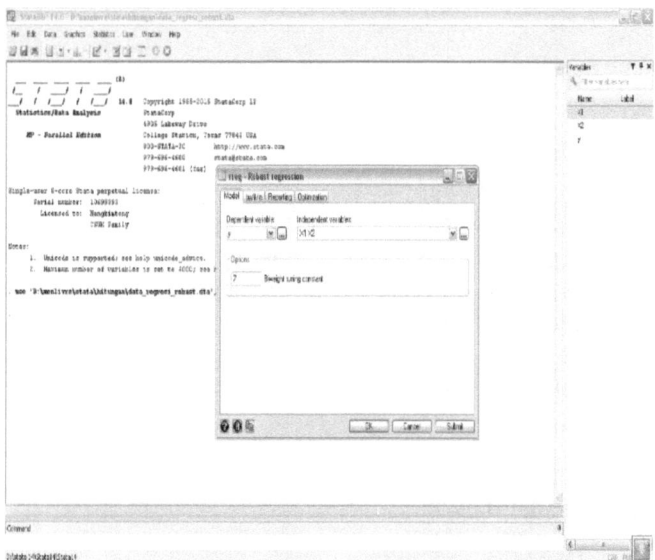

- Sélectionnez la variable Y en tant que variable **dépendante** et X1 et X2 en tant que **variables indépendantes**
- Cliquez sur **OK**

Le résultat et l'interprétation sont les suivants.

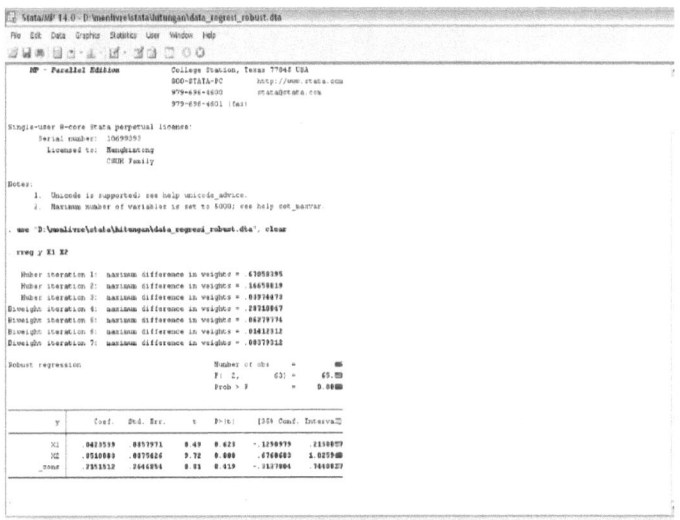

Les principales valeurs de la régression robuste sont les suivantes:

- Valeur F: 65,53
- Probabilité de F: 0.0000
- Coefficient de régression de X1 à Y jusqu'à 0,0423539 avec une valeur t égale à 0,49 et une valeur de probabilité de t égale à 0,623
- Coefficient de régression de X2 à Y jusqu'à 0,8510083 avec une valeur t allant jusqu'à 9,72 et une valeur de probabilité de t allant jusqu'à 0,000
- La valeur de constante est 0.2151512. Cela signifie la valeur de la variable Y lorsque X1 et X2 = 0.

L'effet de X1 sur Y

L'effet de X1 sur Y est égal à 0,0423539 et n'est pas significatif car la valeur de probabilité est égale à 0,623> 0,05. Le test d'hypothèse peut être effectué comme suit.

Énoncez l'hypothèse comme suit
H0: X1 n'affecte pas Y de manière significative
H1: X1 affecte Y de manière significative

Énoncez l'hypothèse comme suit

H0: X1 n'affecte pas Y de manière significative

H1: X1 affecte Y de manière significative

Utilisez les critères suivants

Si le niveau de probabilité est supérieur à 0,05, acceptez H0 et rejetez H1.
Si le niveau de probabilité est inférieur à 0,05, rejetez H0 et acceptez H1.

Prendre la décision comme suit

La valeur de probabilité peut aller jusqu'à 0,623> 0,05; accepte H0 et rejette H1. Cela signifie que X1 n'affecte pas Y de manière significative.

L'effet de X2 sur Y

H0: X2 n'affecte pas Y de manière significative

H1: X2 affecte Y de manière significative

Utilisez les critères suivants

Si le niveau de probabilité est > 0,05, acceptez H0 et rejetez H1.
Si le niveau de probabilité est < 0,05, rejetez H0 et acceptez H1.

Prendre la décision comme suit

La valeur de probabilité peut aller jusqu'à 0,000 <0,05; rejette H0 et accepte H1. Cela signifie que X2 affecte Y de manière significative. La quantité d'effet est 0.8510083. Cela signifie que la valeur Y augmentera jusqu'à 0,8510083 lorsque le X2 augmente d'une unité.

CHAPITRE 21
ANALYSE DES COMPOSANTS PRINCIPAUX
IDENTIFIER LES PREDICTEURS VALIDES

21.1 Définition

L'analyse en composantes principales (ACP) est une technique de réduction variable qui ressemble à la technique d'analyse factorielle. L'objectif principal de la PCA est 1) de réduire certaines des variables, ce qui équivaut beaucoup à quelques variables dans un plus petit nombre de composantes dites principales qui ont presque la même variance que les variables initiales; 2) détecter la relation entre les variables dans le but de classer ces variables en fonction de la similarité des caractéristiques dans l'analyse factorielle en utilisant les paramètres de la valeur de MSA (mesure de la suffisance de l'échantillonnage) sur une certaine matrice de corrélation.

En ACP, réduire le nombre de variables en un groupe de variables plus petites au moyen de la variation maximale (varimax). Cette rotation est un moyen de maximiser la valeur d'une variante dans une nouvelle variable "créée" appelée facteur dans l'analyse factorielle et par composants dans PCA.

21.2 Comment exécuter les procédures de la PCA

Pour effectuer l'analyse avec PCA, procédez comme suit:

Premièrement: préparer les variables à réduire
Par exemple, nous avons 9 variables indépendantes supposées affecter la variable dépendante. Ensuite, nous utiliserons l'analyse PCA pour réduire ces variables en moins de quantités de variables. Les données sont les suivantes:

sales	product	promotion	distribution	price	quality	process	means	market
6	9	5	6	6	7	8	5	7
5	9	5	4	6	8	8	3	7
3	9	6	5	9	9	9	3	7
8	10	6	5	8	9	9	4	7
9	10	8	6	7	8	9	4	7
5	9	7	6	8	7	10	4	7
4	8	7	5	9	8	8	4	9
3	8	6	5	10	9	8	4	9
2	7	6	6	10	8	8	5	8
5	7	5	4	9	7	7	5	6
4	6	5	5	6	7	7	5	6
9	6	4	6	6	7	7	5	6
10	5	4	6	6	7	8	6	6
10	5	3	5	5	8	8	6	6
8	4	5	4	5	8	6	6	6
7	6	7	7	5	8	6	6	5
6	5	4	7	5	8	6	3	5
6	6	5	7	6	7	5	3	5
9	9	5	8	6	7	5	3	6
9	5	6	9	7	7	5	5	6
8	4	7	7	7	7	6	5	6
8	6	8	6	7	7	6	5	5
7	3	9	6	6	8	4	4	5
7	8	10	5	6	8	3	4	5
6	7	10	5	6	8	6	5	5
6	5	9	6	8	6	6	7	5
5	6	9	6	8	6	6	8	6
5	4	8	6	5	6	5	9	6
8	5	7	6	5	5	5	5	7
6	5	6	6	5	5	5	6	7
7	5	7	5	6	5	8	6	7
7	6	8	8	6	4	8	6	7
8	6	6	7	6	4	7	6	8
5	8	9	9	5	4	7	5	6
6	8	5	1	5	3	7	6	9
7	6	7	2	5	3	7	7	5
8	6	4	3	5	5	7	7	6
9	6	5	3	4	5	6	7	5
6	7	3	4	4	4	6	7	6
6	7	2	4	4	5	6	6	7
8	7	5	4	4	6	5	6	6
9	9	4	5	5	4	5	6	5
9	8	4	6	5	5	7	6	6
4	5	5	5	8	6	7	6	6
5	3	6	6	8	5	8	6	6
6	3	5	5	7	4	8	6	6
7	4	6	6	7	6	8	6	6
5	6	7	8	7	6	7	6	8
4	5	8	5	7	5	7	5	7
6	6	6	6	8	5	7	5	5

Deuxièmement: Créer une variable de conception dans la vue Variable

Troisièmement: saisissez les données sur SPSS via la commande Vue de données, de données allant de un à cinquante données.

Quatrième: analyser les données avec la procédure PCA
Effectuez l'analyse en procédant comme suit:
• Cliquez sur Analyser> Réduction de la dimension, puis sélectionnez Facteur.
• Déplacer toutes les variables de la colonne de gauche vers la colonne de droite
• Sélectionnez Descriptives> Vérifier les tests de sphéricité de la solution initiale, Reproduit, Anti-Image et KMO et Bartlett> Continuer
• Sélectionnez Extraction> Méthode pour sélectionner l'analyse en composantes principales; pour l'analyse, sélectionnez Matrice de corrélation; pour l'affichage, sélectionnez Solution de facteur non rotatif et représentation graphique; pour Extract, sélectionnez Sur la base de la valeur propre et remplissez la valeur 1 pour les valeurs propres supérieures à; ignorer les autres options et cliquer sur Continuer
• Sélectionnez Rotation> cocher Varimax> Continuer.
• Sélectionnez Scores> cochez la case Enregistrer en tant que variables> Méthode, sélectionnez Régression> Continuer.
• Sélectionnez Options> cocher l'option Trié par taille et Supprimer le petit coefficient> Continuer.
• D'accord

21.3 Interprétation des résultats d'analyse

Voir les résultats et faire des interprétations. Seule la sortie correspondante est analysée alors que d'autres sorties peuvent être ignorées

Partie I: Test de KMO et Bartlett

KMO and Bartlett's Test

Kaiser-Meyer-Olkin Measure of Sampling Adequacy.		,606
Bartlett's Test of Sphericity	Approx. Chi-Square	115,143
	df	36
	Sig.	,000

Cette section est le résultat de la mesure de la suffisance de l'échantillonnage, qui est la valeur de la première exigence de faisabilité des données pour l'analyse PCA. La valeur d'adéquation d'échantillonnage de KMO de 0,607> 0,5 indique que l'exigence de faisabilité des données a été satisfaite. La valeur minimale de KMO MSA est de 0,5.

Partie II: Mesure de la suffisance de l'échantillonnage (MSA)

Anti-image Matrices

		sales	product	promotion	distribution	price	quality	process	means	market
Anti-image Covariance	sales	,588	-,033	,080	-,147	,216	-,063	-,036	-,061	,142
	product	-,033	,661	-,090	,146	,091	-,022	,238	-,123	-,157
	promotion	,080	-,090	,714	-,189	-,164	-,003	-,098	,177	,088
	distribution	-,147	,146	-,189	,769	-,076	,020	,164	,039	-,012
	price	,216	,091	-,164	-,076	,385	-,141	,047	-,207	-,068
	quality	-,063	-,022	-,003	,020	-,141	,581	,254	,031	,079
	process	-,036	,238	-,098	,164	,047	,254	,507	-,044	-,008
	means	-,061	-,123	,177	,039	-,207	,031	-,044	,577	-,162
	market	,142	-,157	,088	-,012	-,068	,079	-,008	-,162	,627
Anti-image Correlation	sales	,636[a]	-,053	,124	-,219	,455	-,108	-,065	-,105	,233
	product	-,053	,548[a]	-,131	,205	,180	-,035	,411	-,199	-,245
	promotion	,124	-,131	,473[a]	-,256	-,314	-,005	-,162	,275	,131
	distribution	-,219	,205	-,256	,494[a]	-,140	,030	,263	,058	-,017
	price	,455	,180	-,314	-,140	,614[a]	-,298	,106	-,439	-,138
	quality	-,108	-,035	-,005	,030	-,298	,643[a]	,468	,054	,132
	process	-,065	,411	-,162	,263	,106	,468	,594[a]	-,081	-,014
	means	-,105	-,199	,275	,058	-,439	,054	-,081	,615[a]	-,270
	market	,233	-,245	,131	-,017	-,138	,132	-,014	-,270	,730[a]

a. Measures of Sampling Adequacy(MSA)

Cette section est la sortie MSA pour les variables analysées. Les résultats sont présentés à partir des variables avec la valeur MSA la plus élevée comme suit:
• Marché avec une valeur MSA de 0,730
• Qualité avec une valeur MSA de 0,643
• Ventes avec une valeur MSA égale à 0,636
• Moyens avec une valeur MSA de 0,615
• Prix avec une valeur MSA de 0,614
• Processus avec une valeur MSA de 0,602
• Produit avec une valeur MSA de 0,548
• Distribution avec une valeur MSA de 0,494

Vu des exigences, il n'y a qu'une seule variable ayant une valeur inférieure à 0,5; à savoir Variable de distribution avec une valeur MSA de 0,494

Partie III: Communalités

Communalities

	Initial	Extraction
sales	1,000	,656
product	1,000	,588
promotion	1,000	,614
distribution	1,000	,490
price	1,000	,800
quality	1,000	,670
process	1,000	,790
means	1,000	,604
market	1,000	,640

Extraction Method: Principal Component Analysis.

La communalité est une variance au carré qui décrit combien de variance dans les variables mesurées est reproduite par une nouvelle variable créée par une procédure PCA. La valeur de la communauté qui se rapproche de 1 est meilleure. Le résultat ci-dessus est la valeur de toutes les variables étudiées.

Partie IV: Variance totale expliquée

Total Variance Explained

Component	Initial Eigenvalues			Extraction Sums of Squared Loadings			Rotation Sums of Squared Loadings		
	Total	% of Variance	Cumulative %	Total	% of Variance	Cumulative %	Total	% of Variance	Cumulative %
1	2,731	30,340	30,340	2,731	30,340	30,340	2,264	25,160	25,160
2	1,699	18,883	49,223	1,699	18,883	49,223	1,932	21,468	46,628
3	1,423	15,812	65,035	1,423	15,812	65,035	1,657	18,408	65,035
4	,822	9,134	74,169						
5	,765	8,495	82,664						
6	,576	6,401	89,066						
7	,428	4,758	93,823						
8	,309	3,430	97,254						
9	,247	2,746	100,000						

Extraction Method: Principal Component Analysis.

La sortie ci-dessus explique combien la variance peut être expliquée dans les nouvelles variables créées par la méthode d'extraction PCA, ce qui correspond à 65,035%. Cette valeur signifie que la création de nouvelles variables peut être expliquée à l'aide des variables d'origine de 65,035%.

Partie V: Matrice de composants

Component Matrix[a]

	Component		
	1	2	3
price	,804	,141	,367
process	-,622	-,317	,550
sales	-,606		-,530
means	,601	-,490	
market	,600	-,508	,146
quality	,564	,438	-,400
distribution	,147	,683	
promotion	,194	,595	,472
product	,481	-,245	-,545

Extraction Method: Principal Component Analysis.
a. 3 components extracted.

À partir des résultats d'extraction sous la forme de matrices composantes, il existe trois variables, à savoir
• Produit d'une valeur de 0,481
• Promotion d'une valeur de 0,194
• Distribution d'une valeur de 0,147

Références

Anderson, Sweeny et William (2011). *Statistiques pour les affaires et l'économie*. Sud-Ouest: Apprentissage Cengage.

Cramer, Duncan et Howitt, Dennis. (2006) *Le dictionnaire Sage de la statistique*. London: Sage Publication

Field, Andy (2006). *Découverte de statistiques à l'aide de SPSS*. Londres: Sage Publications Ltd.

Granetter, Frédéric. J. Dan Larry B. Walnnau (2007). *Statistiques pour les sciences du comportement*. Belmonth: Wadsworth.

Gujarati, Damodar. N. (2003). *Économétrie de base*. New York: MacGraw Hill

Gujarati, Damodar. N. (2006). *Fondements de l'économétrie*. New York: MacGraw Hill

Cheveux, Joseph F. et al. (2010). Analyse de données multivariées: une perspective globale. New Jersey: Pearson Prentice Hall

Johnson, Richard A. et Wickern, Dean W. (2002). *Analyse statistique multivariée appliquée*. New Jersey: Prentice Hall

Levin, Richard L et Rubin, David.S (1998). *Statistiques pour la gestion*. New Jersey: Prentice Hall

Siegel, Sidney (1985). *Statistik Non Parametrik Untuk Ilmu - Ilmu Sosial*. Jakarta: PT Gramedia.

Warner, Rebecca M. (2008). *Statistiques appliquées: du bivarié aux techniques multivariées*. Californie: Sage Publications

A PROPOS DE L'AUTEUR

Jonathan Sarwono est actuellement directeur de l'assurance qualité à l'Université internationale des femmes de Bandung, en Indonésie. Il est également conférencier dans certaines universités à Bandung et à Jakarta, ainsi que formateur en statistiques dans plusieurs entreprises à Jakarta. Jusqu'à présent, plus de 50 ouvrages ont été écrits sur les statistiques sous IBM SPSS, EVIEWS, LISREL, SmartPLS, AMOS et STATA. Parallèlement, il écrit plusieurs livres sur la méthodologie de recherche et les technologies de l'information. Les livres ont été publiés dans le pays et à l'étranger ainsi que vendus à l'étranger. Il peut être contacté via son site Web, **http://www.jonathansarwono.info** ou par courrier électronique, jsarwono007@gmail.com.

www.ingramcontent.com/pod-product-compliance
Lightning Source LLC
Chambersburg PA
CBHW031440210526
45464CB00005B/2282